よくわかる
PHPの教科書

たにぐち まこと [著]

PHP7対応版

■ 本書のサポートサイト

本書で使用されているサンプルファイルを掲載しております。訂正・補足情報についてもここに掲載していきます。

https://book.mynavi.jp/supportsite/detail/9784839964689.html

・サンプルファイルのダウンロードにはインターネット環境が必要です。

・サンプルファイルはすべてお客様自身の責任においてご利用ください。サンプルファイルおよび動画を使用した結果で発生したいかなる損害や損失、その他いかなる事態についても、弊社および著作権者は一切その責任を負いません。

・サンプルファイルに含まれるデータやプログラム、ファイルはすべて著作物であり、著作権はそれぞれの著作者にあります。本書籍購入者が学習用として個人で閲覧する以外の使用は認められませんので、ご注意ください。営利目的・個人使用にかかわらず、データの複製や再配布を禁じます。

・本書に掲載されているサンプルはあくまで本書学習用として作成されたもので、実際に使用することは想定しておりません。ご了承ください。

・本書で学習する際には、XAMPP7.1.33 または MAMP4.5 をご利用ください。それぞれのダウンロード方法については、本文およびサポートサイトに記載がありますので参照してください。

■ ご注意

● 本書は、『よくわかる PHP の教科書【PHP5.5 対応版】』(2014 年 2 月刊) を、PHP7 に対応させたものです。

● 本書での説明は、Windows 10 または macOS で行っています。環境により表示が異なる場合がありますのでご注意ください。

● 本書と同じように操作するには、XAMPP7.1.33 または MAMP4.5 をご利用ください。環境が異なると本書の内容とは異なる結果になることがあります。

● 本書に登場するソフトウェアや URL の情報は、2018 年 2 月段階での情報に基づいて執筆されています。執筆以降に変更されている可能性があります。

● 本書の制作にあたっては正確な記述につとめましたが、著者や出版社のいずれも、本書の内容に関して何らかの保証をするものではなく、内容に関するいかなる運用結果についても一切の責任を負いません。あらかじめご了承ください。

● 本書中の会社名や商品名は、該当する各社の商標または登録商標です。本書中では ™ および ® は省略させていただいております。

はじめに

本書は、2010年に最初の版を執筆しました。Webの開発言語として当時人気のあったPHPを、どんな方でも気軽に使えるようになって欲しいという思いから、主に次のような部分に気をつけながら執筆しました。

- サンプルは短いものを使って、途中で詰まることなく学習を進めていただけるようにしました
- たくさんの役に立つサンプルを使って、PHPを便利に使っていただくことを念頭におきました
- 1つ1つのプログラムに対して、しつこいくらいに詳しく説明をして理解していただけるようにしました

そして本書は、大変多くの読者様に手に取っていただき、今も愛していただいています。ありがとうございます。
その後、PHPはWordPressというコンテンツ管理ツールでも採用されていることなどから、ますます人気が出て、今ではスタンダードな開発言語となりました。本書もその後、2014年にPHP5.5に対応する形で表紙などを一新し、また新しい読者のみなさまにも愛用頂きました。
そして、PHPもバージョンが7となり、現在ではレンタルサーバーでの採用も進んで利用しやすくなってきました。また、PHPは「Webサイト制作」以外の分野でも、例えばスマートフォン向けアプリのバックエンドとして利用されていたり、人工知能の開発などにも利用されていたりするケースなどもあります。
そこで本書も、時代に合わせてPHP7に対応。また、これまでHTML/CSSの知識が必須だったサンプルを大幅に見直し、前半ではHTMLなどを利用しないサンプルに差し替えました。
Webの制作者の方や、志す方にはもちろん、PHPをプログラミング言語として活用される方にもお役に立てば幸いです。
本書の執筆にあたり、私のすべての書籍を常にサポートしていただき、大変すばらしい書籍に仕上げてくださる、マイナビ出版の伊佐さんと角竹さんに、感謝いたします。

2018年3月
たにぐちまこと

Contents

Chapter 1　プログラミング入門　001

- Chapter 1-1　身近な文具を使ってプログラムを考えてみよう　002
- Chapter 1-2　賢いロボットを作ろう　009

Chapter 2　PHPを使う準備をしよう　019

- Chapter 2-1　パソコンにPHP動作環境を作る　020
  - COLUMN　MySQLとMariaDB　022
- Chapter 2-2　用語を確認しよう　025
  - COLUMN　分からない用語は英和辞典を引き、英語のまま覚えよう　029
  - COLUMN　Chapter 3 の読み方　030

Chapter 3　PHPの基本を学ぼう　031

- Chapter 3-1　画面に文章を表示する　032
  - COLUMN　エラーメッセージが表示されなかったら　035
  - COLUMN　本文で出てきたエラーメッセージについて　037
- Chapter 3-2　計算結果を表示する　038
- Chapter 3-3　画面に現在の時刻を表示する　040
  - COLUMN　Warningが表示された場合　043
  - COLUMN　文字コードとは　044
- Chapter 3-4　オブジェクトを使って現在の時刻を表示する　045
- Chapter 3-5　変数を使って、計算結果を保管する　047
- Chapter 3-6　1から365までの数字を表示する　051
  - COLUMN　$iの謎　052
- Chapter 3-7　1年後までのカレンダーを作成する　057
  - COLUMN　while構文やfor構文を別々のブロックとして書く場合　061
- Chapter 3-8　曜日を日本語で表示する ── 配列　062

	COLUMN 0から始まる数え方	065
Chapter 3-9	英単語と日本語の対応表を作る ── 連想配列	066
	COLUMN foreach構文を別々のブロックとして書く場合	069
Chapter 3-10	9時よりも前の時間の場合に、警告を表示する ── if構文	070
	COLUMN if構文を別々のブロックとして書く場合	073
Chapter 3-11	小数を整数に切り上げる・切り下げる ── ceil、floor、round	074
	COLUMN 論理演算子	075
Chapter 3-12	書式を整える ── sprintf	076
Chapter 3-13	ファイルに内容を書き込む ── file_put_contents	078
Chapter 3-14	ファイルの読み込み ── file_get_contents	080
Chapter 3-15	XMLの情報を読み込む ── simplexml_load_file	082
Chapter 3-16	JSONを読み込む	085
	COLUMN JSONファイルを作成する	088
	COLUMN HTMLの基本を知っておこう	089
Chapter 3-17	フォームに入力した内容を取得する	092
	COLUMN プログラムをいたずらから守る「magic_quotes_gpc」	098
	COLUMN Notice: という警告が表示されたら	098
Chapter 3-18	チェックボックス、ラジオボタン、リストボックス（ドロップダウンリスト）の値を取得する	099
	COLUMN ラジオボタンなどの値にもhtmlspecialcharsが必要な理由	100
Chapter 3-19	複数選択可能なチェックボックス、リストボックスの値を取得する	101
Chapter 3-20	半角数字に直して、数字であるかをチェックする	103
	COLUMN よく分からないファンクションに出くわしたら	104
Chapter 3-21	郵便番号を正規表現を使ってチェックする	105
	COLUMN 電話番号・メールアドレスの検査	107
Chapter 3-22	別のページにジャンプする	108
Chapter 3-23	一行ごとにテーブルセルの色を変える ── 剰余算	110
	COLUMN ファイルパスとは	112
Chapter 3-24	Cookieに値を保存する	113

	COLUMN Cookieの扱いにはご注意	115
Chapter 3-25	セッションに値を保存する	116
	COLUMN session_start ( )を省略する方法	118
	COLUMN セッションの内容が表示されない場合	119
Chapter 3-26	電子メールを送信する	120
	COLUMN 差出人を名前とメールアドレスで指定する	122
	COLUMN 差出人メールアドレスは適切に	122
Chapter 3-27	2つのトップページにランダムで誘導する— rand	123
Chapter 3-28	ファイルアップロードを受信する	125
	COLUMN $_FILES['type']について	130
	練習問題の答え	131

Chapter 4　データベースの基本を学ぼう　133

Chapter 4-1	データベースについて	134
Chapter 4-2	**MySQLを使ってみよう**	136
Chapter 4-3	**データベースを使ってみよう**	138
	COLUMN もしも文字化けしたら	141
Chapter 4-4	データベースを理解しよう	142
	COLUMN なぜ型があるの?	144
Chapter 4-5	**SQLを使ってみよう**	145
	COLUMN SQL文を打ち込むには	148
	COLUMN 全部大文字のSQL	148
	COLUMN MySQL以外でも使えるSQL	148
Chapter 4-6	テーブルを作るSQL ── **CREATE**	149
Chapter 4-7	データを挿入するSQL ── **INSERT**	150
Chapter 4-8	データを変更するSQL ── **UPDATE**	152
Chapter 4-9	データを削除するSQL ── **DELETE**	153
Chapter 4-10	データの検索SQL ── **SELECT**	154

Chapter 4-11	プライマリーキー ── DBで一番大切なキー	155
	COLUMN プライマリーキーを設定するもう1つの方法	158
Chapter 4-12	オートインクリメント ── さらに便利な自動採番	159
	COLUMN idカラムは永久欠番	160
Chapter 4-13	テーブルの構造を変更しよう	162
Chapter 4-14	条件を指定しよう ── WHERE	164
	COLUMN OR条件を使うときの注意	168
Chapter 4-15	ORDER BY ── データの並び替えで、ランキングも思いのまま	169
	COLUMN カラムは「相対情報」よりも「絶対情報」で作ろう	171
Chapter 4-16	DATETIME型とTIMESTAMP型	172
Chapter 4-17	COUNT、SUM、MAX、MIN ── 計算・集計お手の物	174
Chapter 4-18	データベースの真骨頂、リレーション	176
	COLUMN テーブル名のショートカット	182
Chapter 4-19	GROUP BY ── 複雑な集計	183
Chapter 4-20	LEFT JOIN、RIGHT JOIN ── 外部結合	186
	COLUMN 内部結合はINNER JOIN	187
Chapter 4-21	DISTINCT、BETWEEN、IN、LIMIT ── その他の便利なSQL	188
	COLUMN 応用：3つのテーブルのリレーション	192
Chapter 4-22	バックアップとリストア	193
	COLUMN サイズの大きなバックアップファイル	196
	COLUMN 奥深いデータベースの世界	196

Chapter 5　PHP＋DBで本格的なWebシステムを作ろう　197

Chapter 5-1	プロジェクトの準備	198
Chapter 5-2	PDO ── MySQLに接続する	200
	COLUMN INSERT以外のSQLを実行してみよう	203
Chapter 5-3	query ── SELECT SQLを実行する	204
	COLUMN COUNTなどで計算した値をキーにするには	206
Chapter 5-4	フォームからの情報を保存する	207

Chapter 5-5	データの一覧・詳細画面を作る	212
	COLUMN より安全にURLパラメーターを受け取るには	217
	COLUMN 省略されたときに「...」を補う	218
Chapter 5-6	接続プログラムを共通プログラムにする	220
Chapter 5-7	件数の多いレコードを、ページを分ける「ページング」	222
Chapter 5-8	メモを変更する、編集画面	229
Chapter 5-9	いらないデータを削除する、削除機能	233

Chapter 6 「Twitter風ひとこと掲示板」を作成する　235

Chapter 6-1	データベースを設計する	236
Chapter 6-2	データベースを作る	241
Chapter 6-3	会員登録用の画面を作る	244
Chapter 6-4	会員登録用のプログラムを作る	247
Chapter 6-5	周辺の画面と処理を作る	254
Chapter 6-6	ログインの仕組みを作成する	260
Chapter 6-7	投稿画面を作る	265
Chapter 6-8	返信機能をつける	272
Chapter 6-9	個別画面を作る	276
Chapter 6-10	プログラムをすっきりさせる	280
Chapter 6-11	URLにリンクを設置する	283
Chapter 6-12	投稿を削除できるようにする	285
Chapter 6-13	ページングを設置する	288
Chapter 6-14	ログアウトを設置する	291

Index　293

Chapter 1 プログラミング入門

プログラム入門だからといって、コンピュータを前にキーボードで打ち込むばかりが勉強ではありません。ここでは、身近な消しゴムと紙を使って、プログラムを作るにあたって必要な「アルゴリズム」を考えるための脳を鍛えることにしましょう。スポーツで言えば、基礎体力をつけるための準備運動のようなものです。プログラム的なものの考え方を身につけられるように、すぐに答えを見ないでできるだけ自分で考えながら読んでみましょう。

Chapter 1-1

身近な文具を使って
プログラムを考えてみよう

プログラムを作る人を「プログラマ」などと呼びます。当然、ほとんどの時間をPHPなどを書いて過ごしているのだろうと思いがちですが、実はプログラマにとって、その作業は全体の一部でしかありません。それ以上に重要なのは、プログラムの構造を考えたり作り方を考えたりする時間です。この考え方が身につかないと、どんなにPHPの文法を覚えても、プログラムを組み立てることができません。そこで、非常に身近な文具を使って、プログラムを考える訓練をしてみましょう。

道具を準備

準備するのは次のものです。

- 真っ白のA4用紙を数枚
- 消しゴム（なければ、クリップや電池など手頃な大きさの物体）
- 鉛筆
- 付箋紙

これらを使って、プログラムに必要な考え方を鍛えていきましょう。

図1-1-1

学習のルール

まずは、A4用紙に図1-1-2のような図を記述してください。マスの中に消しゴムが入る程度にすると良いでしょう。このスタート地点からゴール地点まで消しゴムをロボットに見立て、誘導します。付箋紙に「前に進む」と書いて机に貼ります（これを<u>ブロック</u>と呼びます）。続けて図1-1-3のように書いていきましょう。

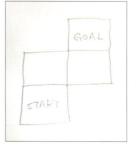

図1-1-2

図1-1-3

これを順番に貼りつけていくと、付箋紙プログラムの完成です（図1-1-4）。

このロボットは、プログラムに従って動きます。例えば、「前に進む」という付箋紙があると一歩前進します。また、上から順番にその命令を理解していくので「前に進む」「右に進む」の順で書かれていたら、図1-1-5のように進みます。このとき、ロボットは右を向いてしまうため、次に図1-1-6の方向に進ませたい場合は「前に進む」ではなくて、「左に進む」になります。ロボットが今どちらを向いているのかを理解しながら、プログラムを組み立てるようにしましょう。

また、プログラムは完成するまでロボットを動かしてはいけません。プログラムが完成してからロボットを動かして、動きを確認してみてください。

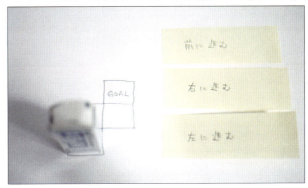

図1-1-4

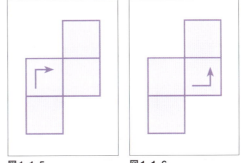

図1-1-5　　　図1-1-6

一番簡単なプログラム

それでは、図1-1-7のスタート地点にロボットを置いて、始めましょう。ゴールにたどり着くためのプログラムを作ってみてください。作れたら、それにしたがってロボットを動かしてみましょう。
正しくゴールまでたどり着けましたか？　答えは図1-1-8のようになります。

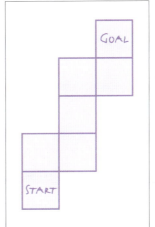

図1-1-7

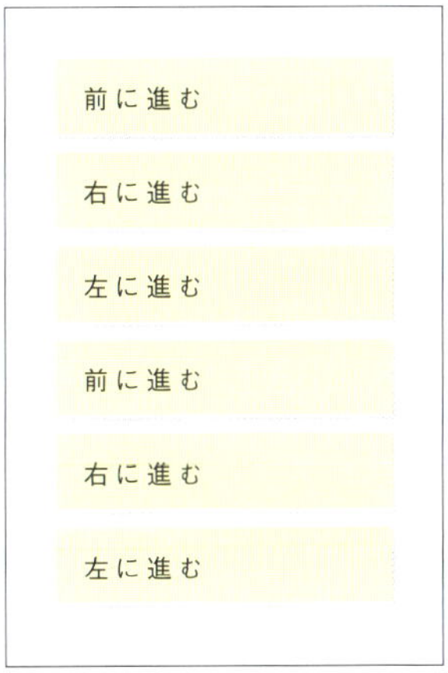

図1-1-8

003

これで最初のプログラムが完成です。まだまだ序の口、非常に簡単だったかもしれません。では、次のプログラムにいきましょう（図1-1-9）。

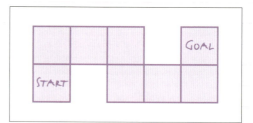

図1-1-9

今度はいかがですか？　答えは図1-1-10のようになります。

若干手こずったかもしれません。もしかしたら、頭や体がクネクネと動いてしまったかもしれませんね。これがプログラム開発の難しさの1つです。ロボットを実際に動かしながら、一歩先のことを考えるのは簡単なのですが、プログラムは二歩先、三歩先のことをあらかじめ考えて組み立てて行かなければなりません。

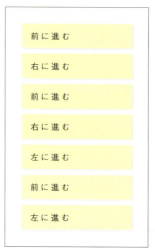

図1-1-10

それには、想像力を働かせる力が必要です。頭の中でこう動いたら次は、どのように動くべきかというのをシミュレーションしていくのです。次節以降でも、ロボットは最後まで動かさず、ぜひ想像力で組み立てていってください。

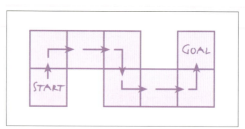

図1-1-11

004　Chapter 1　プログラミング入門

命令を制限してみよう ── プログラムの制限を知ろう

次に、少し賢くないロボットを使ってみましょう。このロボットは、次の2つの動作しかできません。

- 前に進む
- 右に回る

これだけの機能しかないロボットでも、迷路を抜けることはできるでしょうか？
実はできます。まず、「右に進む」を行いたいときは、図1-1-12のようなプログラムを作ります。

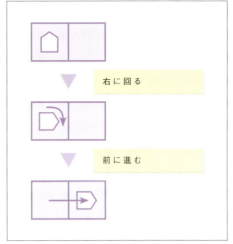

図1-1-12

「左に進む」の場合は、どうしたらよいでしょう。図1-1-13のようになります。
右に3回、回ると左を向いたことになり、前に進めば左に進めるというわけです。すぐに分かりましたか？

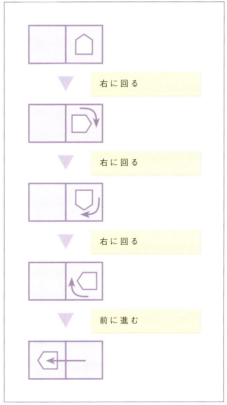

図1-1-13

ちなみに、このロボットが最初の迷路（図1-1-14）を抜けるためのプログラムは、図1-1-16のようになります。

かなりプログラムが長くなってしまいましたが、これでも正しく動作しますね。プログラムの難しいところの2つ目。それは「欲しい命令が揃っていない」ことがあります。「こんなことがしてみたいな」と思っても、それを一発でかなえてくれるような命令がないことも多く、大抵は<u>準備されているパーツを組み立てて</u>、希望の動きに作り上げる必要があります。「左に進みたい」と思ったときに「右に3回回れば良い」と考えつけるかどうかがポイントです。

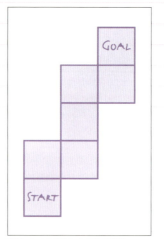

図1-1-14（図1-1-7と同じ）

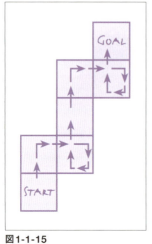

図1-1-15

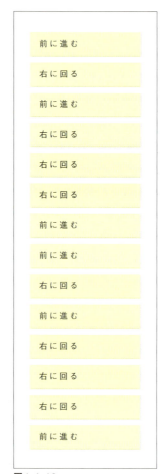

図1-1-16

答えがたくさんある場合 —— 効率のよいアルゴリズム

続いて、図1-1-17のような迷路を使いましょう。

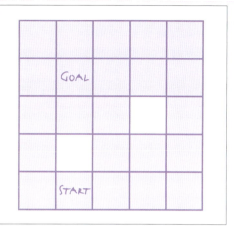

図 **1-1-17**

これまでは1本道でしたが、今度はゴールまでの経路が複数あります。そのため、作ることができるプログラムも1つではありません。おそらく、一番多くの人が作る経路としては図1-1-18か図1-1-19のどちらかでしょう。

どちらでもゴールにたどり着くことはできます。しかし、どちらがより優れた経路かといえば、プログラムを作ってみると分かります。

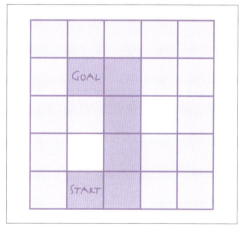

図 **1-1-18**

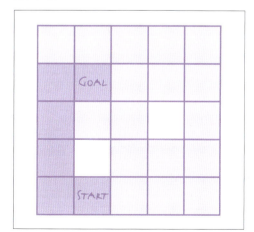

図 **1-1-19**

007

いかがでしょう？

図1-1-19のプログラム（図1-1-21）の方が少し短くなります。なぜなら、このロボットは「左を向く」という動作が非常にニガテなのです。最初の経路の場合、「左回り」の経路となるため、2回も左を向かなければなりません。しかし、「右回り」の経路にすれば、左に向くのは1回で済みます。

プログラムは同じ作業をするのでも、いくつものやり方が存在し、どれが正解であるかは明確でない場合もあります。しかし、やり方を間違えると無駄な動作が多くなってしまったり、それによって動作速度が遅くなったりします。

このように、プログラムの作り方を考えることを、英語で「算法」といった意味を表す「algorism（アルゴリズム）」といいます。

効率の良いアルゴリズムを考えられるようになるというのは、一朝一夕でできることではなく、またいつも決まった答えがあるわけでもありません。似たような状況であっても、少しでも状況が違うと、答えは全く変わってしまうこともあるのです。

あまり、無理に効率のよいアルゴリズムを考えようとしようとしてしまうと、考えること自体が辛い作業になってしまうので、体に染み付くまで、あまり気にしすぎずに色々なプログラムを作っていくとよいでしょう。

図1-1-20	図1-1-21
右に回る	右に回る
前に進む	右に回る
右に回る	右に回る
右に回る	前に進む
右に回る	右に回る
前に進む	前に進む
前に進む	前に進む
前に進む	前に進む
右に回る	右に回る
右に回る	前に進む
右に回る	
前に進む	

Chapter 1-2

賢いロボットを作ろう

ここまでは、迷路ごとにプログラムを作ってきました。しかし、プログラムの醍醐味はこのような決められた動作をするだけではなく、ロボット自身に判断をさせて、どんな迷路でもゴールできるようなロボットを作ることです。ただし、今ある「前に進む」と「右に回る」という命令だけでは、賢いロボットを作ることができません。そこで、「もし（ ）なら」と書いた付箋紙と「（ ）まで繰り返し」、そして「ここまで」と書いた付箋紙を準備します。この2つの命令が、非常に強力なロボットを作る要素になります。

同じ作業を何度もできるロボット —— 繰り返し

まずは、少し迷路を簡単にして図1-2-1のような直線を進ませてみましょう。

これまで通りの方法で考えると、図1-2-2のようなプログラムになります。これでも正しく動作はしますが、ちょっと効率が悪いですね。100マスの迷路だったら、100枚の付箋紙が必要になってしまいます。このように同じ動作を何度も組み合わせる場合は「繰り返し」ブロックを使うと良いでしょう。次のように使います。

まず、繰り返しブロックを貼り付けて、かっこの中に「4回まで」と書きます（図1-2-3）。そして、「前に進む」を1つだけ貼り付けて「ここまで」ブロックを貼り付けましょう。これで、4回「前に進む」を繰り返して行うことができます。

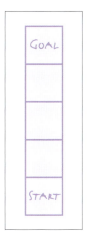

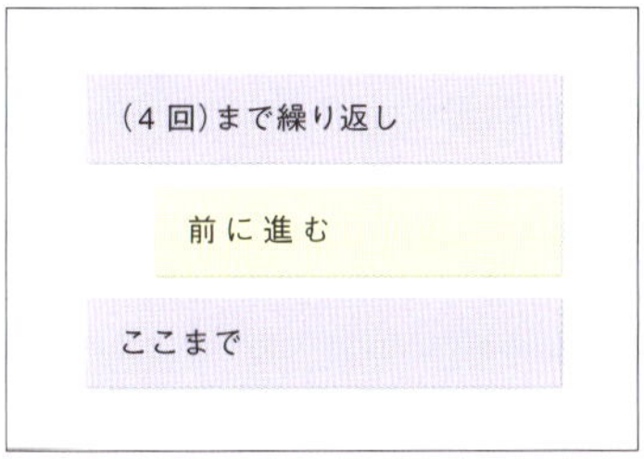

図1-2-1

図1-2-2

図1-2-3

また、この繰り返しブロックは回数以外の条件を書くこともできます。例えば図1-2-4のような条件にすると、4回とはいわずにゴールにたどり着くまで、何回でも繰り返して前に進ませることができます。このロボットなら、4マスの迷路はもちろん、3マスでも100マスでも、どんな迷路にも対応することができます。

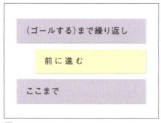

図1-2-4

それでは図1-2-5のような迷路ではどうでしょうか？

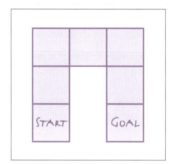

図1-2-5

この場合は、図1-2-6のようなプログラムになります。

「繰り返し」と「ここまで」の間には、いくつでもブロックを挟むことができるので、ここでは「前に進む」と「右に回る」を繰り返すようにしました。これで無事にゴールにたどり着きます。
実際のプログラムにも、この繰り返しの仕組みがあり、非常に重要な役割をします。Chapter 3で詳しく紹介しましょう。

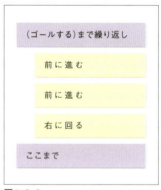

図1-2-6

自分で道を選ばせる —— 選択

繰り返しブロックを使うと、同じような動作を何度も記述しなくて良いので効率よくプログラムを作ることができますが、これだけではやはり決まった形の迷路にしか対応できません。さまざまな迷路に対応できるロボットを作るには「もしも」ブロックを使う必要があります。

まずは、右の迷路に対応させてみます（図1-2-7、図1-2-8）。

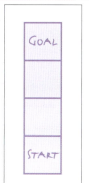

図1-2-7

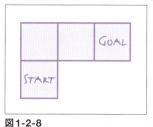

図1-2-8

どちらの迷路でもゴールできるロボットを作るには、2マス目の動作がポイントです。まずは、どちらの迷路も前に進めばよいので、図1-2-9のように作りましょう。

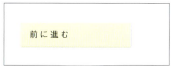

図1-2-9

続いて、「もしも」ブロックを使います（図1-2-10）。これで完成です。
もしもブロックには、条件を記述してその条件に合う場合だけ行う動作を指定することができます。ここでは、前に進めないときにだけ右に回って前に進みます。前に進める場合には、右に回らずに前に進むので、直線でも対応できるというわけです。

図1-2-10

次は、図1-2-11、図1-2-12両方の迷路に対応させましょう。右に行く場合と左に行く場合があります。どうしたらどちらの迷路もゴールできるように作れるでしょうか？　答えは次ページの図1-2-13になります。

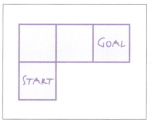

図1-2-11

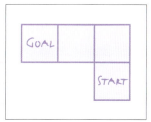

図1-2-12

011

これで完成です。まずは、まっすぐ進めなければ右に回るのはこれまで通りです。しかし、それでも進めない場合もさらに右に2回回って左を向いて進むというわけです。ここでのポイントは、右に進むことができなかった時点で、すでにロボットが右に向いているため、「あと2回」回れば良いということです。これまでの知識から「左に曲がるなら3回回る」と思いこんでしまうと、間違えてしまうので気をつけましょう。想像力が必要ですよ。

図1-2-13

ブロック同士を入れ子にする ── ネスト

先のプログラムは、動きとしては正解ではあるのですが100点満点とは言えません。図1-2-14のようなまっすぐの迷路で考えてみましょう。

まず一歩進みます。続いて「もしも進めなかったら」というブロックがあるので、進めるかどうかを判断します。ここではまっすぐの迷路なので進めます。そのため「右に回る」というブロックは飛ばして次に進みます。しかし、ここでもう一度進めるかを判断してしまいます。さきほど、すでに進めることが分かっているのに、ここで改めて「もしも」が出てきてしまうのです。これでは少し効率が悪いですね。

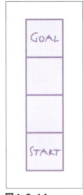

図1-2-14

012　Chapter 1　プログラミング入門

そこで、図1-2-15のようにプログラムを変えてみます。もしもブロックの中に、もしもブロックが入ってしまいました。これで、非常に効率の良いプログラムになります。まっすぐに進める場合は、1回だけ「進めるか」を判断するだけで、もしもブロックをごっそりと飛ばすことができます。進めなかった場合は、とりあえず右に回ります。その後右に進めれば2つ目のもしもブロックを飛ばしますし、進めなければあと2回右に回って左に進みます。無駄のないプログラムになりましたね。

このように、もしもブロックや、先ほどの繰り返しブロックはそれぞれ中に入れ込むことができます。これを、英語の「nest」から「ネスト」また「入れ子」などと呼びます。ネスト構造を使いこなせるようになると、かなり複雑なプログラムを作ることができるようになるので、ぜひマスターしたいテクニックです。

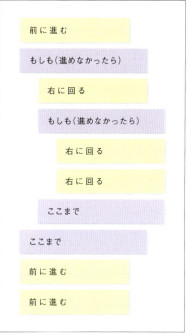

図 1-2-15

立ち往生しないロボットを作る —— バグ

続いて、図1-2-16、図1-2-17の迷路を考えましょう。一見すると非常に複雑ですが、よく見るとまっすぐか、右に曲がっているかの繰り返ししかありません。そこで、繰り返しブロックともしもブロックをうまく組み合わせて作り上げます。

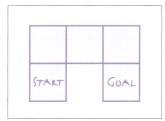

図 1-2-16

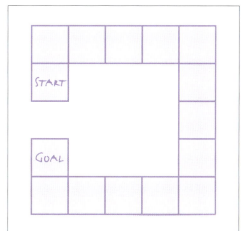

図 1-2-17

013

これでできあがりです（図1-2-18）。前に進んでは、さらに進めるかを判断し、進めなければ右に回ります。そして一歩進んでいくという具合です。右回りが続く迷路であれば、これで対応できそうですね。しかし、実は駄目なケースがあるのです。それが次の迷路です。

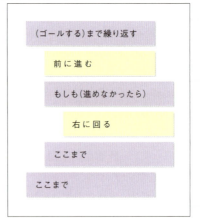

図1-2-18

図1-2-19のように、スタート直後が右に曲がっている場合、このロボットは必ず最初に前に進むようになっているため、最初の一歩でつまずいてしまいます。しかも悪いことに、このプログラムは「ゴールするまで繰り返し」となっているため、このロボットはゴールするまでひたすら前に進み続けようとしてしまいます。結果として、ロボットは壊れるまで同じ所に立ち往生してしまうのです。

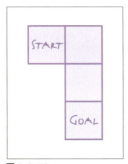

図1-2-19

これを、「無限ループ」とか「永久ループ」といいます。繰り返しブロックで、中のプログラムを間違えたり、条件を間違えるとよく陥ります。

また、このように正しく作ったつもりのプログラムが、ある条件の時に正しく動作しない時、これを英語の「bug=虫」という言葉から「バグがある」などと呼びます。さらに、これを崩した言い方で「バグった」「バグる」などと呼ぶ場合があるのは、ゲームが好きな方ならよく使う言葉でしょう。

プログラムの最大の難関は、このバグです。自分の作ったプログラムが、なぜか原因が分からないのに正しく動かない。そんな時に、プログラムの初心者は右往左往して、解決策を見いだすことができません。バグの原因を究明し、プログラムを直すことができるようになれば、プログラマとしても一人前となれるでしょう。

014　Chapter 1　プログラミング入門

さて、それではこのバグを取り除いてみましょう。今回の原因は、最初にいきなり前に進もうとしてしまっているところです。少し順番を変えるだけで解決します（図1-2-20）。

「前に進む」と「もしも」を逆にしました。これなら、いきなり壁でも正しく動作します。バグを実際に動作させる前に防いだり、バグが発生したときにその原因を追求して、修正するというのはセンスが必要です。これもまた、何度もバグに悩まされながら、少しずつ訓練していくしか、慣れる方法はないのかもしれません。

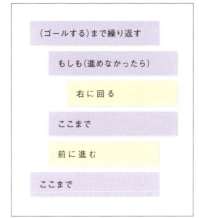

図1-2-20

「進む」「分かれる」「繰り返す」── 制御構造

ここで、使うブロックには「前に進む」と「右に回る」というブロック、そして「もしも」と「繰り返す」というブロックがありました。ここで、前者の2つは「処理」といいます。ロボットが行う作業のことですね。そして、「もしも」と「繰り返し」は「制御構造」といいます。

ロボットを制御するための構造ですね。これから学ぶPHPを始めとしたプログラムでも、同様に「処理」と「制御構造」があります。「処理」には、憶え切れないほどの数があるため、これは少しずつ覚えたり、辞書（リファレンス）を使って調べていったりするしかありません。しかし、制御構造には「もしも」と「繰り返し」の2種類しかありません。短い言葉で言い換えると「分岐」と「繰り返し」、これに単に「進む」だけの「順次」という構造を組み合わせると、3種類になります。
どんなに複雑なプログラムであっても、必ずこの3種類の制御構造で表すことができます。
ただし、実際には「分岐」にも「if」「elseif」など、少し派生した種類はあるのですが、そのあたりはChapter 3で詳しく紹介します。
プログラムは、この「順次」「分岐」と「繰り返し」をうまく組み合わせて、正しく動作するよう考えていく必要があります。パズルのように、あれこれ考えて、効率の良いプログラムを作れるように頑張りましょう。

オブジェクト指向

この消しゴムロボットですが、もう一体増やしてみましょう（図1-2-21）。
今度の消しゴムは、ちょっと色が違います。また、この緑の消しゴムは、先ほどの消しゴムと違って「左にしか回れない」としましょう。

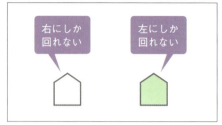
図1-2-21

このとき、例えば「前に進め」と命令しただけではどちらのロボットに対する命令なのかが分からず、混乱してしまうかもしれません。

図1-2-22

そこで、「前に進む（白いロボット）」とか「左に回る（緑のロボット）」などと命令する相手を、カッコに入れて指定することにしました。
しかし、こうして作った図1-2-23のプログラムを見ると、誰に向けた命令かが分かりにくく、ゴチャゴチャになっています。

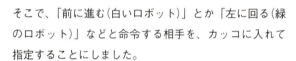

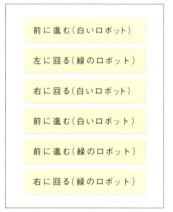
図1-2-23

つまり、図1-2-24で示す箇所は「エラー」になります。さらに、「左に回る」という命令は、緑のロボットしか行えません。

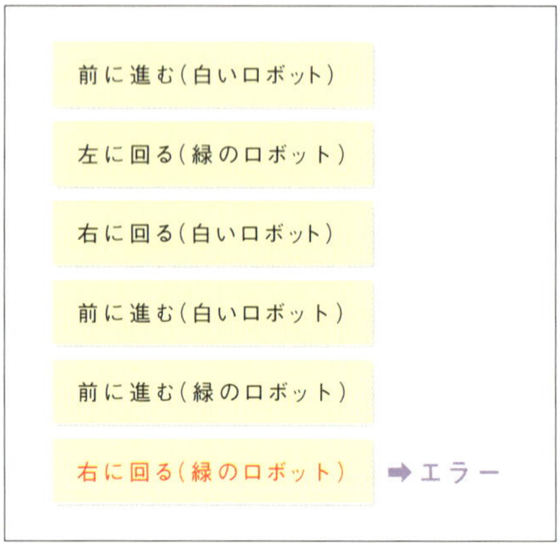

図1-2-24

016　Chapter 1　プログラミング入門

しかし、「『左に回る』は白いロボットには使えない」などと覚えておくのは大変です。そこで、右のように「ロボット」を中心に「できること」を整理してみました（図1-2-25）。

プログラムが分かりやすくなりました。実はこれと同じことが、プログラミングの世界でも1980年代頃に起こりました。コンピューターが高性能になるにつれて、プログラムが大規模になり、それまでのプログラミング手法では作りにくくなってきたのです。

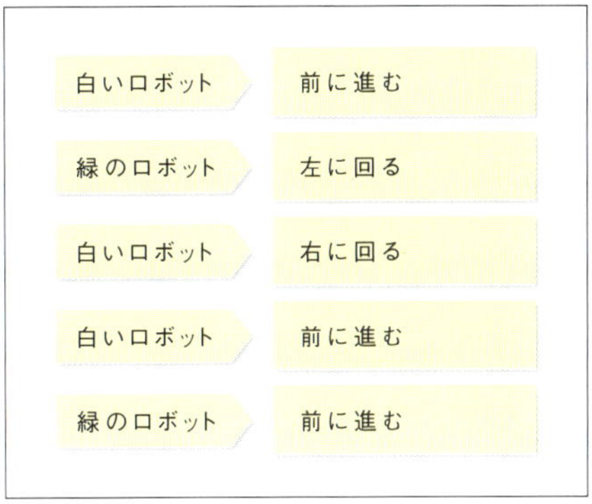

白いロボット	→	前に進む
緑のロボット	→	左に回る
白いロボット	→	右に回る
白いロボット	→	前に進む
緑のロボット	→	前に進む

図1-2-25

そこで、新しく生み出された考え方が「オブジェクト指向プログラミング」です。オブジェクト（Object）とは「もの」という意味の英語ですが、先の例でいえば「ロボット」がオブジェクトにあたります。それまでのプログラミングでは「動き」が中心だったのに対し、オブジェクト指向プログラミングでは先に「どれに対しての命令なのか」を考えるという方法です。

オブジェクトには「動作」と「見た目」があります。つまり、白いロボットは、次のような動作ができます。

- 前に進む
- 右に回る

そして、次のような見た目です。

- 形：四角
- 色：白

緑のロボットは次の通りです。

【できる動作】
- 前に進む
- 左に回る

【見た目】
- 形：四角
- 色：緑

こうして、それぞれのロボットの特徴を表すことができます。こうして、「もの」を基準に動作（できること）や見た目を管理するのが、「オブジェクト指向プログラミング」の基本です。

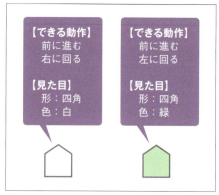

図1-2-26

Chapter 2

PHPを使う準備をしよう

ここからは、実際にパソコンを前にして作業を行っていきます。まずは勉強をするための準備作業として、PHPの「開発環境」を準備していきましょう。英語のソフトなどもありますが、それほど恐れる必要はありません。インストールの方法などもできるだけ丁寧に解説していますので、慣れ親しんでみてください。しっかり環境を準備して、スムーズに学習を進められるようにしましょう。

Chapter 2-1

パソコンに
PHP動作環境を作る

XAMPPなどの便利なツールを使うと、自分のパソコン内に勉強のための環境を構築することができます。次のように準備しましょう。

XAMPP（Windowsの場合）

1. ダウンロードする

※XAMPPはバージョンアップが頻繁に行われており、動作もバージョンによって異なってしまうことがあります。本書と同じように動かすには、「XAMPP7.1.33」を使ってください。
次のサイトからダウンロードします。

　　https://sourceforge.net/projects/xampp/files/

「XAMPP Windows」のフォルダをクリックして開き、「7.1.33」のフォルダを開きます。見つけにくいときは、［Ctrl］＋［F］キーを押して検索してみてください。次の画面で「xampp-windows-x64-7.1.33-1-VC14-installer.exe」をクリックしてダウンロードしましょう。

2. セットアップする

ダウンロードした、実行ファイルをダブルクリックして、セットアッププログラムに沿ってセットアップします。
右の図2-1-1のように、「Apache」「PHP」「MySQL」「phpMyAdmin」にチェックが入った状態にします。

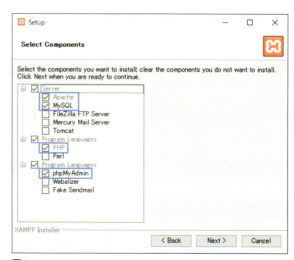

図2-1-1

初回の起動時は、言語を選ぶ画面が表示されます（図2-1-2）。日本語が存在していればそれを、そうでなければ英語などを選ぶと良いでしょう。次のページのコラムも参考にしてください。

図2-1-2

3. 起動する

スタートメニュー内（Windows 8では「アプリ」内）に登録された「XAMPP for Windows」から「XAMPP Control Panel」をクリックして起動します。
そして、「Apache」および「MySql」と書かれた行の「Start」ボタンをクリックします。

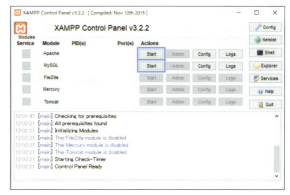

図2-1-3

「Apache」と「MySQL」というラベル部分が緑になれば起動完了です。
途中で、セキュリティの警告が表示されることがありますが、「ブロックを解除する」ボタンをクリックしておきましょう。

図2-1-4

4. ファイルを実行用フォルダにコピーする

次のフォルダに実行したいファイルをコピーします（インストール先フォルダによって、一部異なります）。

　C:\xampp\htdocs

5. 表示を確認する

例えばsample01.phpというファイルを実行するには、Webブラウザ（P.024参照）で次のようなアドレスを打ち込みます。

　http://localhost/sample01.php

> **COLUMN**
>
> ## MySQLとMariaDB
>
> MySQLは「データベース」と呼ばれるシステムの一種ですが、近年「MariaDB」という名前を聞くことが多いかもしれません。XAMPPのWebページでも含まれているソフトとして「Apache+MariaDB」と記載されています。
> この、MySQLとMariaDBは実はほぼ同じものを指しています。MySQLをOracleというデータベース会社が買収したことから、自由に開発ができなくなり、元のMySQLの開発者らが中心となって、派生したプロジェクトを立ち上げたものが「MariaDB」です。
> 現状では、MySQLとMariaDBは完全に互換性が保たれているため、ほぼ同じものとして使うことができます。本書では、MariaDBの場合も含めて、MySQLと呼んで解説します。

MAMP（OS Xの場合）

1. ダウンロードする

次のサイトから、「MAMP & MAMP PRO 4.5」を選んでダウンロードします。

　https://www.mamp.info/en/downloads/older-versions/

2. セットアップする

ダウンロードしたファイルを起動すると、セットアップ画面が表示されるので指示に従ってセットアップを進めていきます。

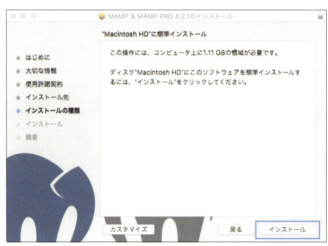

図2-1-5

初回の起動時は、図のように「MAMP」と「MAMP PRO」を選ぶ画面が表示されますが、ここでは左側の「Launch MAMP」を選びましょう（MAMP PROは有料の機能拡張版です）。

図2-1-6

3. 起動する

アプリケーションフォルダからMAMPを起動し、上部のメニューバーの「MAMP」から「Preference」を選び、「PHP」のタブで「7.1.12」を選んで［OK］をクリックします。そして、図2-1-8の画面で「サーバーを起動」をクリックします。

これで、Webサーバーが起動した状態となります。

図2-1-7

図2-1-8

4. ファイルを実行用フォルダにコピーする

次のフォルダに実行したいファイルをコピーします。

　/Applications/MAMP/htdocs/　　（Finder上からは「アプリケーション→MAMP→htdocs」）

5. 表示を確認する

例えばsample01.phpというファイルを実行するには、Webブラウザで次のようなアドレスを打ち込みます。

　http://localhost:8888/sample01.php

エディタソフトの準備

続いて、ファイルを編集するエディタソフトを準備します。Windows、Macともにあらかじめ付属しているソフトがありますが、機能的にも使い勝手的にも不足しているため、別途準備した方がよいでしょう。

次におすすめのエディタソフトを掲載しています。好みがあるので試してみて気に入ったソフトを選んでみてください。ちなみに筆者は「Visual Studio Code」を使っています。

・Visual Studio Code（Windows / macOS）

https://www.microsoft.com/ja-jp/dev/products/code-vs.aspx

図2-1-9

・Atom（Windows / macOS）

https://atom.io/

図2-1-10

・Sublime Text（Windows / macOS）

https://www.sublimetext.com/

図2-1-11

Webブラウザを用意しよう

作成したプログラムは、Webブラウザで表示をして確認することになります。WindowsやmacOSには標準で搭載されているWebブラウザがありますが、学習環境としては適さない部分があるため、別途Googleが開発する「Chrome」（クローム）をインストールすると良いでしょう。

・Chrome

https://www.google.co.jp/chrome/browser/desktop/

Chapter 2-2

用語を確認しよう

プログラムの学習では、専門用語を使った説明がしばしば見られます。この用語が理解できないと、本来の勉強以外のところでつまずいてしまい、なかなか前に進めません。ここで、あらかじめ用語を解説しておきますので、まずは軽く読み流してから、文内で分からない言葉が出てくるたびに、ここに戻って理解してください。

プログラム、プログラミング、プログラマ

PHPなどを使って作ったもののことを「プログラム（Program）」といいます。英語で「計画」とか「演目」といった意味で、ここではコンピュータが行うべき動作を、事前に予定として組み立てたものなので、こう呼ばれます。例えば、会員登録の仕組みや、ブログの仕組みなどを「会員登録プログラム」や「ブログプログラム」などといいます。システム（System）も同じような意味で使われます（会員登録システム、ブログシステム）。

また、プログラムを作成することを「プログラミング（Programming）」と呼びます。「プログラミングを行う」「プログラミングする」といいます。

さらに、プログラムを作成する人のことを「プログラマ（Programmer）」と呼び、職業や肩書きとして使われることもあります。

プログラム言語、プログラミング言語

プログラムを作るためのもののことで、PHPやJavaScript、Rubyなど数多くの種類があります。単に「言語」と呼ばれることもあります。

スクリプト

本来は「プログラム言語」とは違う意味で使われていましたが、現在ではほとんど同じような意味で使われます。プログラムはより大規模なもの、スクリプト（Script）は小さなものを指すことが多く、厳密にはPHPで作るものは「スクリプト」の方が適切です。しかし、本書では分かりやすくするために「プログラム」という言葉を使います。

実行

プログラムを動作させることを「プログラムを実行する」などといいます。

文字列

「あいうえお」「こんにちは」など、短い文章のことを「文字列」と呼ぶことがよくあります。

値

プログラムで使われる、数字や文字などあらゆるもののことを「値(あたい)」と呼びます。

変数、定数

プログラムを実行していると、作業途中の内容を一時的に保存しておきたいことがよくあります。そのようなときに一時的に記憶させておける物が「変数(へんすう)」です。状況に応じてその内容が常に変化するためこのような名前がついています。

逆に、「1」や「2」などの数字、または「あいうえお」「こんにちは」など、常に変化しない値のことを「定数(ていすう)」と呼びます。

なお、この例の通り「あいうえお」など数ではないものでも「変数」「定数」と呼ばれるので気をつけましょう。

代入

変数に値を記憶させることを「代入する」といいます。数学用語で「xに1を代入する」などといいますが、それと同じような意味で使われます。

ファンクション（関数）

Chapter 1でロボットを操作するときに「前に進む」とか「右に回る」といういわゆる「処理」を使いました。同様に、PHPでは「画面に文字を表示する」とか「ファイルに内容を保存する」、「ファイルから内容を見る」などといった様々な処理を行うことができます。これを記述するのが「ファンクション(function)」です。

入門書によっては、これを「関数」という場合もあります。これは、英語の「function」を日本語訳した言葉ですが、ちょっと理解しにくい言葉です。functionにはこの他にも「機能」とか「役割」といった意味があり、ここでいうfunctionは、その意味のほうが近いように思います。そのため、本書では「ファンクション」と呼ぶことにします。

例 ファンクションの例

```
01  print
```

```
01  file_get_content
```

パラメータ（引数）

ファンクションは、すぐ後ろにかっこが続きます。このかっこの中には、ファンクションの内容をより

細かく説明した内容を記述していきます。例えば、「print」というファンクションを見てみましょう。printファンクションは「画面に文字を表示する」という処理を行うファンクションです。しかし、これだけでは「なんという文字を表示するか」という情報がないため、動作することができません。そこで、かっこの中にその内容を記述していきます。

```
01  print('この文字が画面に表示されます');
```

このとき「'この文字が画面に表示されます'」の部分を「パラメータ(parameter)」といいます。パラメータは入門書によっては「引数(ひきすう)」などと呼んでいますが、これも非常に分かりにくい言葉なので英語の「parameter」をカタカナにした「パラメータ」の方が分かりやすいのではないかと思い、本書ではこの言葉を使っていきます。

パラメータの個数

どのようなパラメータを指定するかは、ファンクションの種類によって異なり、場合によっては個数も違う場合があります。2つ以上パラメータが必要な場合は、パラメータ同士をカンマ(,)で区切って指定します。

```
01  date('Y-m-d',$stamp);
```

また、パラメータが必要ないファンクションもあり、その場合は空のかっこを使います。

```
01  now();
```

さらに、パラメータの中には省略できるものもあり、その場合はあらかじめ決められた内容が利用されます。Chapter 3以降で詳しく紹介しましょう。

戻り値、返り値、返す

大抵のファンクションは、その結果を変数などに記憶することができます。例えば、次のようなファンクションを使った場合、

```
01  date('Y-m-d');
```

「2010-01-01」など、プログラムを実行した時の日付を得ることができます。このとき得られる値を「戻り値(もどりち)」または「返り値(かえりち)」といい、例えば次のように変数に代入することができます。

```
01  $today=date('Y-m-d');
```

また、別のファンクションのパラメータとして指定することもできます。

```
01  print(date('Y-m-d'));
```

詳しいことは、Chapter 3以降で紹介します。このように、戻り値を得られることを「戻り値を返す」などといい、先程の例では「今日の日付を返す」などということもあります。なお、本書では「戻り値」という言葉を使います。

オブジェクト

Chapter 1の最後で登場したオブジェクト指向プログラミングにおいて、主役となるのが「オブジェクト(Object)」です。英語で「もの」といった意味がありますが、ここでは「対象」などと考えると分かりやすいでしょう。先の例では、消しゴムロボットがまさに「オブジェクト」です。
PHPには、日時を扱うための「DateTimeオブジェクト」や、データベースというシステム（後述）と接続するための「PDOオブジェクト」などがあり、それぞれのプログラムを開発できます。オブジェクトには「メソッド」と「プロパティ」という機能があります。

メソッド

メソッド(Method)は、「方法」といった意味の英語ですが、ここでは「動作」などと訳すと分かりやすいでしょう。先のロボットの例では「前に進む」とか「右に回る」といった「動作」がメソッドになります。
例えば、「DateTimeオブジェクト」には、現在の日時を知る「format」メソッドや、ある日数を足す「add」メソッドなどがあり、次のように、オブジェクトの後に「->」という記号を書き、その後にメソッドを書きます。詳しくは後述しますので、ここではそういうものがあることだけ認識しておいてください。

```
01  $date->format('Y-m-d');
    オブジェクト   メソッド
    (インスタンス)
```

プロパティ

プロパティ(Property)は「性質」や「振る舞い」といった意味の英語です。ここでは「見た目」や「特徴」などと訳すと良いでしょう。先の例では、「色」や「形」といったものがプロパティに当たります。メソッドと同様にオブジェクトの後に「->」を書いてプロパティを書きます（ここでは、架空のオブジェクトを使います）。

```
01  $example->property = 123;
    オブジェクト    プロパティ
    (インスタンス)
```

クラスとインスタンス

例えば、紙に文字を書いているときに間違えてしまって「消しゴムが欲しい」と思いました。このとき、「消しゴム」はまだ存在していません。つまり、まだ「実体がない」と言えます。

文具店に行くと、白や緑、大きいものや小さいものなど、さまざまな消しゴムがあり、そこから1つを選んで購入すると、実体のある「消しゴム」が手に入ります。

オブジェクト指向プログラミングでも同じことが起こります。例えば「DateTimeオブジェクト」というものは、そのままでは実体がありません。そのため、このままでは使えません。次のよう、「new」を使って「クラス」から「インスタンス化」する必要があります。

```
01  $today = new DateTime();
      インスタンス    クラス
```

ここで大切なのは「インスタンス化」という言葉です。「Instance」は英単語で「実体」といった意味があり、この記述で「DateTimeオブジェクト」は、実体になって使えるようになるのです。

また、このとき右側に記述されている「DateTime()」を「クラス」と呼びます。Classは「分類」といった意味ですが、ここでは「金型」と考えると分かりやすいかもしれません。オブジェクトは、その「もの」の設計図のようなもので、実際に使うには金型で実物を作らないといけないのです。

消しゴムを作るときに、「金型」にゴムを流し込んで同じ形の消しゴムを作ります。それと同じように、「DateTimeオブジェクト」の「インスタンス」を作るための金型が「クラス」というわけです。クラス、オブジェクト、インスタンスの用語はややこしいので、Chapter 3などで実際に試しながら用語を確認していきましょう。

図2-2-1

オブジェクト（設計図）　　クラス（金型）　　インスタンス（実体）

COLUMN

分からない用語は英和辞典を引き、英語のまま覚えよう

プログラミング言語の学習には、この他にも用語が大量に出てきます。覚えきれないと思うかもしれませんが、実はほとんどの用語は「特別な用語」ではなく、実際には英語圏の人々が使っている一般的な言葉が割り当てられているだけです。

もしもプログラミング言語の学習中に分からない言葉が出てきたときは、英和辞典を引いて調べてみましょう。そして、英語の用語はそのまま使うことをオススメします。これまでのプログラミング言語の学習では、「ファンクション」を「関数」、「パラメータ」を「引数」と翻訳して解説することが一般的でした。

しかし、本書ではこれらを「ファンクション」「パラメータ」と説明しています。なぜなら、「関数」や「引数」は余計に分かりにくい言葉に感じるからです。英語の「function」や「parameter」にはそれほど難しい意味合いはなく、単なる「function＝機能」と「parameter＝調整値」程度の意味合いなのです。

さらに、「関数」を実際に作成するときは次のように「function」という記述で始めなければなりません。

```
01  function my_func() {
```

結局、英語を避けて翻訳しても実際のプログラミング言語では英語が出てきてしまうのです。

幸い、オブジェクト指向プログラミングになってからは無理に翻訳することなく「メソッド」「プロパティ」と、そのままカタカナで解説されることが増えてきましたが、この機会にぜひ「関数」や「引数」を忘れて、ファンクション、パラメータといった言葉を使っていくと良いでしょう。

COLUMN

Chapter3の読み方

Chapter3からは、実際にPHPのプログラムを作りながら、それぞれの使い方を学んでいきます。できれば、次のような手順で読み進めてみてください。

前から順番に

各節はそれより前の節で紹介した内容を踏まえた内容になっています。そのため、はじめの学習では、必ず前から順番に読み進めるようにすると良いでしょう。

プログラムは1から打ち込もう

各プログラムは、それぞれ似たような内容のため、共通の部分をコピーしたり省略したくなるでしょう。しかし前章で説明した通り、プログラムはスポーツなどと同様で、何度も基礎練習を重ねて体に覚えこませなければ、なかなかスムーズにプログラムを作れるようにはなりません。

ここは筋肉トレーニングと思って、プログラムを常に1から打ち込むようにしてみましょう。

練習問題は分からなければ飛ばす

途中、いくつか練習問題が登場します。実力を測るのに解いてみるとよいでしょう。このとき、もし分からなかったとしても、気にせずに次を読み進めてください。

プログラムは、知識があっても解けないこともよくあります。ある程度読み進めて戻ってくると、突然解けるというようなこともよくあります。立ち止まらずに、進んでいきましょう。

Chapter 3
PHPの基本を学ぼう

Chapter 3 からは、実際にプログラムを作りながら PHP を学習していきます。本書は、英語などの学習で言えば「単語帳」や「日常会話帳」のようなものです。一度全体的に読み進めるとともに、主要なファンクション(単語)は覚えられるようにするとよいでしょう。

Chapter 3-1

画面に文章を表示する

一番基本的なプログラムは、画面に文字を表示するところからです。ここでは「PHPを勉強中です！」という文章を表示してみましょう。PHPで画面に文字を表示するには、echoまたはprintファンクションを使います。

完成時の出力とプログラム

使うファンクション
print

プログラム
sample01.php

```
01  <?php
02  print('PHPを勉強中です！');
03  ?>
```

このプログラムのポイント

画面に文字を表示するには「echo」ファンクションまたは「print」ファンクションを使います。どちらを使っても機能的には同じようなことができるので、まずは好みで使って構いません。ここでは、「print」を利用することにします。
printファンクションを、PHPのマニュアルサイトで確認してみましょう。

　　http://jp.php.net/manual/ja/function.print.php

printファンクションのパラメータには、表示する文字列（文章）を指定します。全体を、「'（シングルクオーテーション）」または「"（ダブルクオーテーション）」で囲むのがポイントです。どちらも、基本的には同じものなので、次のように記述することもできます。

```
01  print("PHPを勉強中です！");
```

練習問題
自分の名前を表示してみよう。答えはP.131。

PHPプログラムの基本

PHPのプログラムを作る場合には、次の3つの約束ごとを守る必要があります。この約束ごとを守らないと、正常に動作しなかったり、エラーメッセージが表示されてしまうことがあるので気をつけましょう。

❶ **ファイルの拡張子は`.php`にする**
❷ **プログラムの最初と最後を「`<?php`」と「`?>`」で囲む**
❸ **各行の最後に「`;（セミコロン）`」を加える**

逆に、❷のようにこの記号で囲みさえすれば、PHPはHTMLや、他の文書形式のファイルの中に埋め込むことができます。次の例は、HTMLのタグの中にPHPプログラムを埋め込んでいます。

```
01  <p><?php print('PHPを勉強中です！'); ?></p>
02  <a href="<?php print('http://h2o-space.com'); ?>">タグの属性にPHPを埋め込みました</a>
```

テンプレートについて

本書のプログラムは、必要な箇所しか記載していませんが、実際に動作を確認するためにはHTMLの`<head>`要素や`<body>`要素などが必要です。次のようなテンプレートをあらかじめ準備しておくとよいでしょう。P.032の完成図では、CSSでスタイルも設定しています。ダウンロードファイルに、このテンプレートファイルやCSSも用意しています。

・テンプレートファイルの場所
　　ダウンロードファイル → chapter3 → templatefile

chapter3/templatefile/index.php
```
01  <!doctype html>
02  <html lang="ja">
03  <head>
04  <meta charset="utf-8">
05  <meta name="viewport" content="width=device-width, initial-scale=1, shrink-to-fit=no">
```

```
06
07  <!-- Bootstrap CSS -->
08  <link rel="stylesheet" href="css/style.css">
09
10  <title>よくわかるPHPの教科書</title>
11  </head>
12  <body>
13  <header>
14  <h1 class="font-weight-normal">よくわかるPHPの教科書</h1>
15  </header>
16
17  <main>
18  <h2>Practice</h2>
19  <pre>
20  <?php
21  /* ここに、PHPのプログラムを記述します */
22  ?>
23  </pre>
24  </main>
25  </body>
26  </html>
```

文字コードは「UTF-8」で作成しています。Visual Studio Codeなどでは、標準でUTF-8になっていますが、文字コードが選択できるエディタを利用している場合は、保存のときに正しく選んで保存しましょう。

なお、プログラムの内容によっては19行目と23行目の「<pre></pre>」タグを取り除く場合があります。本文の指示に従って取り除いてください。

> **MEMO**
> HTMLについての説明は、P.089をご覧ください。

クオーテーションの使い分け

シングルクオーテーションとダブルクオーテーションは、基本的に自由に使い分けることができますが、1つの基準としては文章内にこれらの記号が含まれないことが条件になります。例えば、「I'm studying.」という文章を表示したい場合、次のようなプログラムにするとエラーが発生します。

```
01  print('I'm studying');
```

```
Parse error: syntax error, unexpected T_STRING in ...
```

これは、シングルクオーテーションが文章の一部なのか、PHPの記号としてのものなのかが判断できず、どこでパラメータが終わっているのか判断がつかなくなってしまうためです（エラーメッセージの意味はコラム参照）。

そこで、このような場合はダブルクオーテーションを使って、次のように記述します。

```
01  print("I'm studying");
```

両方の記号が混ざってしまっている場合などで、どうしても重なってしまう場合は、次のように記述すれば回避することができます。

```
01  print('I\'m studying"PHP"');
```

\マーク（環境によっては¥になります）を記述すると、その直後の記号はPHPの要素としては無視されるようになり、混ぜることができるようになります。これを「エスケープシーケンス」と言い、この例のようにPHPの制御に使う記号を、パラメータの中などで使うときに、バックスラッシュ（\）または¥マークを補うことで使うことができます。

前記のようなエラーが発生した場合は、思い出せるようにしておきましょう。

COLUMN

エラーメッセージが表示されなかったら

もし、本章で説明している「エラーが発生するプログラム」を試してみても、画面が真っ白になってしまってエラーメッセージが表示されない場合、PHPの設定がおかしい場合があります。次の手順で修正しましょう。

「php.ini」というファイルを探します。XAMPPでは、「C:¥xampp¥php¥php.ini」、MAMPではアプリケーションフォルダ内の「MAMP/conf/php7.x.x/php.ini」などです。「php7.x.x」のところは最も番号が大きいフォルダを開きます。エディタでこのファイルを開き、次のような行を探します。

```
01  display_errors = Off
```

この記述を次のように「On」に変更します。

```
01  display_errors = On
```

そうしたら、XAMPPまたはMAMPのWebサーバ（Apache）を再起動しましょう。これで表示されます。

その他のエスケープシーケンス

エスケープシーケンスには、この他にも右のような種類があります。

エスケープシーケンス	意味
\n	改行
\r	キャリッジリターン
\t	タブ
\\	\
\$	$
\"	"
\'	'

例えば、右のようなプログラムを実行してみましょう。HTMLの<pre>要素は、改行など含めて、そのまま文章を表示する要素であるため、改行をするとそのまま反映されるはずです。

```
01  <pre>
02  <?php
03  print('1行目の文章です');
04  print('2行目の文章です');
05  ?>
06  </pre>
```

しかし、このプログラムを実行しても右のように1行で表示されてしまいます。

```
1行目の文章です2行目の文章です
```

そこで、右のようにプログラムを変更してみます。
そして、Webブラウザで表示すると改行されて表示されることが分かります。
この「\n」という記述が、改行を表すエスケープシーケンスです。エスケープシーケンスは、特別な動作を表すための記号なのです。

```
01  <pre>
02  <?php
03  print('1行目の文章です');
04  print("\n");
05  print('2行目の文章です');
06  ?>
07  </pre>
```

```
1行目の文章です
2行目の文章です
```

なお、エスケープシーケンスを使う場合は、その両端はダブルクオーテーションで囲む必要があります。理由はP.050で紹介します。

COLUMN

本文で出てきたエラーメッセージについて

本文で出てきたエラーメッセージは、次のような文章になっていました。

```
Parse error: syntax error, unexpected T_STRING in ...
```

英語なのでびっくりしてしまうかもしれませんが、それほど難しい内容ではありません。

```
Parse error
```

「パース」とは、文章を分解するといった作業のことを指します。ここでは、書かれたプログラムの内容を理解しようとしたときに理解できなかったといったエラーの大枠が説明されています。この他に次のような種類があります。

　Fatal error：致命的なエラー、つまりまったく動作できない程のエラー
　Warning：危険な書き方。動作はするが良くない書き方がされているなど
　Notice：お知らせ。それほど問題はないが、間違いになりやすい書き方であるというお知らせ

```
syntax error
```

「syntax」とは「構文」といった意味の英語で、プログラムの書き方に問題がありそうだという詳細な内容が知らされます。

```
unexpected T_STRING
```

これはエラーの詳細です。「unexpected」は「予期しない」といった意味で、「T_STRING」とは「文字」の意味。つまり、PHPのエンジンが期待した場所ではないところに、文字が存在しているということで、日本語で理解すると次のようになります。

```
プログラムの内容が理解できませんでした：　文法のエラーです。思わぬ場所におかしな文字があります
```

と知らせてくれています。さらに、行数やファイル名も知らせてくれるため、これをヒントにプログラムの内容を見返してみたら、エラーの原因を探ることができます。
英語が苦手という場合には、エラーメッセージを翻訳サービスなどで翻訳してみても良いでしょう。エラーが発生したときにびっくりして、見本のプログラムと見比べるのではなく、ぜひエラーメッセージをしっかり理解し、その原因を探るクセをつけると良いでしょう。

Chapter 3-2

計算結果を表示する

PHPは、計算の機能を持っているため、ショッピングサイトを作るときの、合計金額の算出やクラスのテストの点数を集計して、その平均点を計算するといったことも簡単にできます。

完成時の出力とプログラム

計算結果を表示する

126.33333333333

使うファンクション

print

プログラム
sample02.php

```
01  <?php
02  print(123+2*5/3);
03  ?>
```

このプログラムのポイント

PHPで計算をするには、表のような「算術演算子」を利用します。基本的には普段私たちが利用している記号と変わりませんが、かけ算（*）と割り算（/）が、少し違うので気をつけましょう。
計算は、算数のルールに沿って足し算・引き算より、かけ算・割り算が先に行なわれます。

記号	意味	例
+	足し算	10 + 5
-	引き算	10 - 5
*	かけ算	10 * 5
/	割り算	10 / 5
%	剰余算	10 % 5

もし、足し算・引き算を先にしたい場合はかっこを使って優先度を変えることができます。

```
01  print((123+2)*5/3);
```

クオーテーション記号の役割

さて、ここでprintファンクションを改めて確認していきましょう。完成プログラムではパラメーターの前後にクオーテーション記号がありません。ここに、クオーテーション記号を加えるとどのようになるでしょう？

```
01  print("123+2*5/3");
```

シングルクオーテーションでも同様です。このプログラムを実行すると、画面には次のように計算式がそのまま表示されます。

```
01  123+2*5/3
```

クオーテーション記号を除くと、計算結果が表示されます。クオーテーション記号には実は「パラメーターの内容をそのまま使うか、計算などを行うか」という機能の違いがあります。ここで、「計算などを行う」という動作を、プログラミングの用語で「評価をする」といいます。

式を「計算式」として答えを知りたいのか、それとも式のまま画面に表示したいのかによってクオーテーションをつけるか、つけないかが決まってくるのです。このルールは、この後「変数」などが登場するとますます重要になります。見逃しそうな記号ですが、しっかり使い分けていきましょう。

練習問題

次の計算結果を画面に表示し、1日が何秒であるかを求めましょう。答えはP.131。

60×60×24

Chapter 3-3

画面に現在の時刻を表示する

PHPの醍醐味は、Webページの内容を状況に応じて変化させることができることです。そこで、ここでは現在の時刻を画面に表示して、毎回表示される内容が変わるようにしてみましょう。例えば「現在は 0時 30分 45秒です」といった具合に表示させてみます。

完成時の出力とプログラム

画面に現在の時刻を表示する

現在は 23時 58分 34秒 です

使うファンクション
print
date

プログラム
sample03.php

```
01  <?php
02  print('現在は ' . date('G時 i分 s秒') . ' です');
03  ?>
```

このプログラムのポイント

「現在の時刻」を表示するためには、それ専用のファンクションである「date」を使う必要があります。このファンクションは日付や時刻を司るファンクションです。

ここでは「0時 30分 45秒」という時間を表示する必要があるため、「時」と「分」、「秒」を取り出すことができればよいことが分かります。

そこで、まずは「秒」だけを表示してみましょう。一番変化が激しいため、確認がしやすいからです。dateファンクションは、画面に出力する機能は持っておらず「戻り値（または返り値）」として、内容を得られるだけです。そこで、この戻り値を画面に出力するため「print」ファンクションを組み合わせて使います。次のようなプログラムになります。

```
01  <?php
02  print(date('s'));
03  ?>
```

パラメータの「s」というのは、秒を取得するためのパラメータで、dateファンクションにはこの他にも右の表のようなパラメータを指定することができます。

パラメータ	指定内容
Y	年を4桁で
y	年を下2桁で
n	月
m	月で、1桁の場合に「0」をつける(例：01、10)
F	月を英語で(例：January、December)
M	月を英語の3文字表記で(例：Jan、Dec)
j	日
d	日で、1桁の場合に「0」をつける(例：01、10)
w	曜日を数字で(日曜=0、土曜=6)
l（小文字のL）	曜日を英語で(例：Sunday、Saturday)
D	曜日を英語の3文字表記で(例：Mon、Sun)
g	時を12時間単位で
G	時を24時間単位で
h	時を12時間単位で、1桁の場合は「0」をつける
H	時を24時間単位で、1桁の場合は「0」をつける
i	分、1桁の場合は「0」をつける
s	秒、1桁の場合は「0」をつける
u	マイクロ秒(PHP 5.2.2以降)

基本的なものだけでも、これだけの数があります。
その他のパラメータはマニュアルを参照してください。

http://jp.php.net/manual/ja/function.date.php

それでは、これらを参照しながら、他の値も表示していきます。続いて、「分」を表示してみましょう。パラメータを変えるだけで表示することができます。
「分」はパラメータの表から「i」であることが分かります。

```
01  <?php
02  print(date('i'));
03  ?>
```

同じく、「時」は「G」です。「時」は先頭に0をつけるか、12時間制か24時間制かで「g」「G」「h」「H」などの種類があるので気をつけて選びましょう。
それでは、これらを組み合わせてプログラムを作り上げていきましょう。

```
01  <?php
02  print(date('G'));
03  print('時');
04  print(date('i'));
05  print('分');
06  print(date('s'));
07  print('秒');
08  ?>
```

これで完成ですが、実はdateファンクションは、<u>複数のパラメータ</u>を一度に指定することができます。また、パラメータの中に文字列を含めることもでき、それらはそのまま戻り値に含まれます。試しに次のように変更してみましょう。

```
01  <?php
02  print(date('G時 i分 s秒'));
03  ?>
```

あとは、前後の文章と組み合わせましょう。

```
01  <?php
02  print('現在は');
03  print(date('G時 i分 s秒'));
04  print('です');
05  ?>
```

文字列の連結

上のプログラムでは、printファンクションを3回も書かなければなりませんでした。これは、クオーテーション記号が必要なものと必要でないものが混ざってしまっているため。
例えば、次のプログラムの場合、画面にはそのまま表示されてしまいます。

```
01  <?php
02  print("現在は date('G時 i分 s秒') です");
03  ?>
```

```
現在は date('G時 i分 s秒') です
```

このようなとき、「<u>文字列連結</u>」というテクニックを使うことができます。「.（ドット）」を使うと、ク

オーテーションの必要なものとそうでないものを並べて書くことができるのです。次のように変更してみましょう。

ファンクションの戻り値と、定数(通常の文字列)はそのままでは一緒に表示することができません。

```
01  <?php
02  print('現在は ' . date('G時 i分 s秒') . ' です');
03  ?>
```

なお、例えば計算結果などを文字列連結でつなぐ場合は、計算式部分をかっこで囲みましょう。

```
<?php
print('1+1は' . (1+1) . 'です');
?>
```

練習問題

次のように、今日の日付を画面に表示してみましょう。答えはP.131。

今日は 2011年 1月 3日です

COLUMN

Warningが表示された場合

dateファンクションを使ったプログラムを使った場合、次のようなWarningメッセージが表示されることがあります。

```
Warning: date(): It is not safe to rely on the system's timezone
settings. You are *required* to use the date.timezone setting or the
date_default_timezone_set() function. In case you used any of those
methods and you are still getting this warning, you most likely
misspelled the timezone identifier.
```

これは、PHP5.1.0から追加された設定で「タイムゾーン」を設定していない場合に発生します。プログラムの先頭に **1** の記述を追加してみましょう。

```
01  date_default_timezone_set('Asia/Tokyo'); … 1
02  print('現在は ' . date('G時 i分 s秒') . ' です');
```

「date_default_timezone_set」ファンクションは、その名の通りタイムゾーンを設定するためのファンクションで、これにより「東京」に設定することができました。日本国内ではどこでもこの記述となります。

また、php.ini（P.035参照）の次の箇所を以下のようにすると、「`date_default_timezone_set`」を使わなくても自動的に設定されます。

```
date.timezone = "Asia/Tokyo"
```

なお、この設定は先頭にセミコロン（;）がある場合があります。これは、「コメントアウト」といい、設定を無効にする処置なので「;」を消しておきましょう。

```
;date.timezone = ...
```

COLUMN

文字コードとは

ここまで何度か「文字コード」という言葉が登場していますが、これは何でしょうか。
Webに限らず、コンピューターで扱う情報は「デジタルデータ」と呼ばれ、あらゆる情報を数字（正確には、0と1のみの情報）で管理されます。文字についても、数字に置き換えてから管理しなければならず、そのための対応表が必要となります。置き換えられたものを「文字コード」と呼びます。
アルファベットや半角記号については、世界標準の「ASCIIコード」と呼ばれるコードが世界中で採用されていますが、それ以外の各言語については、言語圏ごとで文字コードが作られていました。日本語としては、「JISコード」や「Shift-JISコード」「EUCコード」などが利用されていました。

そこで、世界のほぼすべての文字を網羅した文字コードとして制定されたのが「UNICODE（ユニコード）」です。いくつかの種類がありますが、Webページでは「UTF-8（ユーティーエフエイト）」と呼ばれる形式がもっとも利用されています。UTF-8では日本語でも漢字の一部などが表現できないなどの問題はありますが、世界中の言語を表示することができるようになるため、現在ではWebページではもちろん、電子メールなどでも利用されるようになっています。

Chapter 3-4

オブジェクトを使って現在の時刻を表示する

現在の時刻を表示するには、Chapter 3-3のように「date」ファンクションを使うことができます。しかし、これとまったく同じプログラムを、「オブジェクト」を使っても作ることができます。ファンクションを使ったプログラムとの違いなどを確認しながら作成してみましょう。

完成時の出力とプログラム

```
オブジェクトを使って現在の時刻を表示する

現在は15時 00分 12秒 です
```

使うファンクション

```
print, Date, format
```

プログラム
sample04.php

```php
01  $today = new DateTime();
02  print('現在は' . $today->format('G時 i分 s秒') . ' です');
```

このプログラムのポイント

プログラミング言語にはさまざまな種類がありますが、ある程度分類をすることができます。中でも大きな違いが「オブジェクト指向言語」と「命令型・手続き型」などと呼ばれる分類です。

PHPは、当初は命令型のプログラミング言語でした。これは、変数やファンクションを使ってプログラムを作成するスタイルで、手軽な代わりに大規模なプログラムが作りにくいという特徴がありました。オブジェクト指向言語は、「オブジェクト」というものを利用してプログラムを作成するスタイルで、最初はとっつきにくいものの、大規模なプログラムでも整理しながら開発できるという特徴がありました。PHPも、徐々にこのオブジェクト指向的な開発スタイルが取り入れられてきており、現在のPHP7ではオブジェクトなどが利用できるようになっています。ただし、過去のプログラムとの互換性なども考慮し、これまでの手続き型のプログラムも作成できるようになっているというわけです。

例えば、日付を扱う「date」ファンクションも、それと同じような機能を持った「Date」というオブジェクトがあり、これを使って同じようなプログラムを作ることができます。1つずつ手順を追って紹介しましょう。

インスタンスを作成する

まずは、次のように記述します。

```
01  $today = new DateTime();
```

日付を扱うオブジェクトは「DateTimeオブジェクト」です。newという演算子を使ってDateTimeのインスタンスを作成し、それを「$today」という入れ物に入れています。この時、「$today」を「インスタンス(Instance)」と言います。インスタンスには英語で「実体」といった意味があり、DateTimeオブジェクトを実際に使えるようにした「実物」になります。

メソッドを使う

DateTimeオブジェクトには、さまざまな命令があります。「date」ファンクションと同じように好きな書式で日時を得ることができるものや、日付や時間を変更するためのもの、タイムゾーンを変更したり取得したりするものなど、日付や時刻に関する操作がすべてまとまっています。これらを「メソッド(Method)」といい、次のように利用します。インスタンスに「->」という記号をつなげて、その後ろに記述します。ここでは、formatメソッドを使いましょう。

```
01  $today = new DateTime();
02  print($today->format('G:i:s'));
```

後は、これを文字列連結などでつなげば、「date」ファンクションと同じように時刻を表示できます。formatメソッドのパラメーターは、dateファンクションのものと一緒です。

```
01  $today = new DateTime();
02  print('現在は' . $today->format('G時 i分 s秒') . 'です');
```

しかし、これだけでは「date」ファンクションを使った方が記述も簡単で、使い方も分かりやすいですね。幸い、PHP7時点では両方の書き方が許されています。使いやすい方を使いながら、少しずつオブジェクト指向に慣れていくと良いでしょう。

Chapter 3-5

変数を使って、計算結果を保管する

例えば、完成プログラムの図のように商品の金額を合計して画面に表示し、さらに消費税を足した金額を表示したい場合、計算結果を一時的に保管しておく必要があります。このようなときに利用できるのが「変数」です。

完成時の出力とプログラム

```
変数を使って、計算結果を保管する

合計金額は： 1350円です
税込金額は： 1458円です
```

使うファンクション

```
print
```

プログラム
sample05.php

```php
01  <?php
02  $sum = 100+1050+200;
30  ?>
04  合計金額は： <?php print($sum); ?>円です
05  税込金額は： <?php print($sum * 1.08); ?>円です
```

このプログラムのポイント

例えば、100円の商品と、1,050円の商品と、200円の商品を購入したときの合計金額を求めるのは、Chapter 3-2で登場した算術演算子を利用すれば、簡単に求めることができます。

```
01  print(100+1050+200);
```

では、次にこの合計金額に「消費税込み」の金額を表示したい場合はどうしたらよいでしょうか？ 次のようになります（ここでは、消費税を8%とします）。

047

```
01  print((100+1050+200) * 1.08);
```

しかし、ここで例えば「さらに50円の商品を購入した」という場合、このプログラムでは2箇所を書き換えなければなりません。

```
01  print(100+1050+200+50);
02  print((100+1050+200+50) * 1.08);
```

これでは面倒ですし、間違いも起こります。そこで、いったん「合計金額」を求めたら、それを保管しておいて、画面の表示や税込金額の計算などに「再利用」できると便利です。このようなときに利用できるのが「変数」です。
変数は、次のようにして利用します。

書式「変数」の利用方法
```
  $変数名 = 保管したい内容；
```

「=（イコール）」という記号が使われていますが、これは算数の「等しい」という意味とは少し異なり、プログラミング用語では「代入」といい、保管する操作を指します。実際に、商品の合計金額を代入してみましょう。

```
01  $sum = 100+1050+200;
```

このようにすると、「$sum」という変数に計算結果である「1350」が代入されます。そしてこの変数は、printファンクションなどのパラメーターとして利用することができます。画面に表示するには次のようにしましょう。

```
01  print($sum);
```

さらに、計算式の値としても利用できます。税込金額を計算してみましょう。

```
01  print($sum * 1.08);
```

全体のプログラムは次のようになります。

```
01  <?php
02  $sum = 100+1050+200;
03  ?>
04  合計金額は： <?php print($sum); ?>円です<br>
05  税込金額は： <?php print($sum * 1.08); ?>円です
```

これなら、もし購入する商品が変わっても、次のように最初の計算式を変更するだけで結果がすべて変わります。

```
01  $sum = 100+1050+200+50;
```

変数を使えば、このように何度も利用する値を効率よく管理することができます。また、適切な変数名をつけることで、その値がなにを示しているかが分かりやすくなります。例えば、ここでは消費税率も「$tax」という変数に代入してみましょう。

```
01  $tax = 1.08;
```

すると、消費税込みの金額にする計算式は次のようになります。

```
01  print($sum * $tax);
```

合計金額(sum)に、消費税(tax)をかけていることが一目で分かります。数字をそのまま扱うよりも、プログラムを理解しやすくなり、再利用しやすくなるため、積極的に活用しましょう。

> **練習問題**
> 次のプログラムの続きを作り、画面上に「10」と表示されるプログラムを作ってみよう。答えはP.131。
>
> ```
> 01  <?php
> 02  $sum = 8 + 2;
> ```

変数名のルール

変数につける名前を「変数名」といい、PHPでは必ず「$」から始める必要があります。この$には通貨のドルの意味はありません。単なる記号だと思いましょう。次のルールに従って命名します。

使える文字は英数字と日本語文字、記号は_(アンダースコア)のみ
- ○ $value、$abc_123、$変数
- × $!?(記号は使えません)、$my name(空白が含まれてはいけません)

先頭には数字を使うことができない
- × $123abc

大文字・小文字が違った場合は、別の変数とみなす
- × $Valueと$value

049

ルール上は、日本語を使うことができるのですが、あまり一般的とは言えません。基本的には英数字を使うとよいでしょう。

変数名の命名規則

変数名は自由につけることができますが、例えば$aとか$xとかあまりにも適当につけてしまうと、後でその変数が何に使われているのかなどが分からなくなってしまって大変です。
そのため、少し長くなっても、きちんと意味のある名前にすると良いでしょう。
ただし、変数名には空白を使うことができないため、「$my name」のような変数名を付けることはできません。そこで、_（アンダースコア）で区切ったりします。

```
$my_name
```

また、次のように単語の始めの文字だけ大文字にする方法もあります。大文字部分がラクダのこぶのように見えることから「Camel（キャメル。ラクダのこと）」シンタックスと呼ばれます。

```
$myName
```

ポイントとしては、一番はじめの文字は小文字で、2語目以降の単語の先頭を大文字にして全体をくっつけます。命名規則は、かならず守らなければならないルールではありませんが、一貫した規則で名づけておくと、見やすく変更しやすいプログラムにできます。

> **MEMO**
> 変数は、計算結果などと同様、クオーテーションは前後に付けません。しかし、ダブルクオーテーションは付けられます。シングルクオーテーションは「完全にそのまま利用する」のですが、ダブルクオーテーションは「評価できるものは評価する」という役割があるのです。エスケープシーケンスを使う場合は両側をダブルクオーテーションで囲むのも、これが理由です。
>
> ```
> print("合計は $sum です");
> ```

Chapter 3-6

1から365までの数字を表示する

例えば、日別のカレンダーを作りたいとしましょう。1から365までの数字を振る必要があります。これを、手作業で作成しようとすると大変ですが、PHPを使えば簡単に作成できます。「繰り返し」のプログラムを使ってみましょう。

完成時の出力とプログラム

```
1から365までの数字を表示する

1
2
3
4
5
6
7
8
9
10
11
12
```

使うファンクション

```
while, for, print
```

プログラム
sample06.php

```php
01  <?php
02  for ($i=1; $i<=365; $i++) {
30      print($i . "\n");
04  }
05  ?>
```

このプログラムのポイント

1つずつ数字を書き出していくなど、単調な作業を繰り返し行っていくのはなかなか大変です。こんな時、プログラムの力を使えば、大量の情報を一気に作り出すことができます。
それが「繰り返し」と呼ばれる制御構造です。

Chapter 1-1でロボットを動かすときに、右のような構造を使いました。今回のプログラムにあわせて書き換えています。PHPでこれを作ることができます。

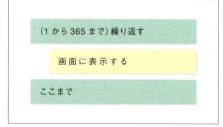

図3-6-1

PHPでは繰り返しの制御構造を「while」と「for」という構文で作ることができます。どちらでも同じように作ることができますが、まずは基本となる「while」から紹介しましょう。whileを使って今回のプログラムを作成すると、次のようになります。

```
01  $i=1;
02  while ($i <= 365) {
03      print($i . "\n");
04      $i++;
05  }
```

順番に見ていきましょう。まず、繰り返しの構文を使わずに数字を表示する方法を考えましょう。次のプログラムを見ていきます。

```
01  $i = 1;
02  print($i);
```

これで、画面には「1」が表示されます。変数は、Chapter 3-5で紹介しましたが一時的に数字や文字列を記憶しておくことができるしくみです。ここでは「$i」という変数名を使いました。この「i」には特に意味はありません。繰り返しのプログラムでよく利用される変数名です（コラム参照）。

COLUMN

$iの謎

本文でも紹介した通り、「i」という変数名はプログラムでよく利用される文字の1つです。「index」の略称で、1から順番に数えるときなどによく使われます。「$n」や「$x」など、人によって好きなアルファベットを使うこともありますが、$iがもっとも一般的です。

また、iを使っている最中に、さらに変数が必要になることがあります。このときは「j」が使われます。これは単に「アルファベットでiの次の文字」ということで、使われます。さらに必要になると「k」「l」「m」と続きます。

では次に、「2」を表示するにはどうしたらよいでしょう？2を代入しても良いですが、次のように書き表すこともできます。

```
01  $i = 1;   …1
02  print($i);
03
04  $i = $i + 1;   …2
05  print($i);
```

「$i = $i + 1」という記述は一見複雑ですが、同じ変数への「再代入」と呼ばれる操作です。$iは、1で「1」という数字が代入されていました。これに「+ 1」で1を加えると、2になります。こうして、「$i」という変数には新たに2が代入されるわけです。

なぜこのような操作をしたかというと、次に「3」を代入したい時にこの記述が活きてきます。次のように記述することができます。

```
01  $i = 1;
02  print($i);   // 1が表示される
03
04  $i = $i + 1;
05  print($i);   // 2が表示される
06
07  $i = $i + 1;
08  print($i);   // 3が表示される
```

2を表示するプログラムと3を表示するプログラムが、まったく同じ記述で実現できました。
後はこれをコピーしていけば、1ずつ加算して画面に表示されるというわけです。このように、変数の再代入という操作を使うと、このような単調な作業を何度でも行うことができます。
とはいえ、何度もコピーするのでは効率が悪いので「何回繰り返す」という記述をして、プログラムを作ってみましょう。

先ほどの繰り返しのプログラムを見てみましょう。これをもう少し、プログラム的な書き方に変えてみます。
「1から365まで」という記述は、「$i」という変数を使って記述すると右のように言い換えることができます。

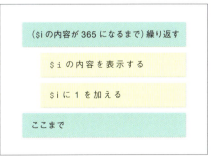

図3-6-2

また、$iは最初に1を代入しておかなければなりませんので、右のようになります。

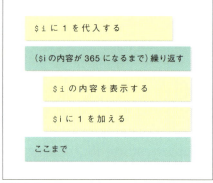

図3-6-3

「while」という繰り返しの構文は、次のような記述をする繰り返し構文です。

書式 while構文の書式

```
while (繰り返す条件) {
    繰り返したい処理
}
```

これに、先ほど作ったプログラムをはめ込むと次のようになります。

```
01  $i = 1;  // $iに1を代入する
02  while ($i <= 365) {   // $iの内容が365になるまで繰り返す
03      print($i);   // $iの内容を表示する
04      $i++;   // $iに1を加える
05  }
```

さて、ここで見慣れない記号がいくつか出てきました。それぞれ紹介しましょう。

比較演算子

while構文の条件部分に記述した次の記述を見てみましょう。

```
$i <= 365
```

これは、「$iが365以下である」ということを示しています。
間の記号を「比較演算子」といい、表のような種類があります。ちょうど、算数などで習った「不等号」に似ています。
つまり、先のプログラムは「≦」と同じ意味です。

054　Chapter 3　PHPの基本を学ぼう

記号	意味	例
===（または==）	等しい	$i === 10
>	より上	$i > 10
<	より下	$i < 10
>=	以上	$i >= 10
<=	以下	$i <= 10
!=（または<>）	等しくない	$i != 10, $i <> 10

while構文などの条件部分には、この比較演算子がよく使われます。

インクリメント・デクリメント

次に、$iに1を加えるというプログラムを表わした、次の記述について説明します。

```
01  $i++;
```

これは、次のプログラムと同じ意味です。

```
01  $i = $i + 1;
```

つまり、同じ変数に1を加えて再代入するという意味です。この「1を加えて再代入」という記述は、非常に多くの場面で使われます。そのため、より簡単な記述としてこのような「++」という特別な演算子が与えられています。このような演算を「インクリメント(Increment：増加)」と言います。

同じく、「1ずつ引いて再代入」という操作もよく行われるため、次のように「--」という演算子があります。

```
01  $i--;
```

これを「デクリメント(Decrement：減少)」と言います。
なお、かけ算($i**)や割り算($i//)はありません。なぜなら、1をかけたり1で割ったりしても結果が変わらないためです。

for構文

繰り返し構文には、while構文の他にfor構文があります。for構文は、whileより短く書けるのが特徴で、代わりに少し記述方法が複雑になっています。
まずは、同じプログラムをfor構文で記述してみましょう。

```
01  for ($i=1; $i<=365;$i++) {
02      print($i);
03  }
```

while構文のプログラムに比べると、行数が非常に少なくなっています。ポイントは、for構文のかっこ内です。次のような構文で記述します。

書式 for構文の書式

```
for (初期化処理; 条件; 更新処理) {
    繰り返す内容
}
```

「初期化処理」は、for構文を実行するときに、最初に行う処理です。ここでは$iに1を代入しています。次の「条件」は、「その条件が成り立つ間は実行する」という意味になります。ここでは$iが365になるまでの間、「繰り返す内容」を実行します。

最後の「更新処理」は、「繰り返す内容」が終わったときに実行する処理です。ここでは$iに1を加えました。

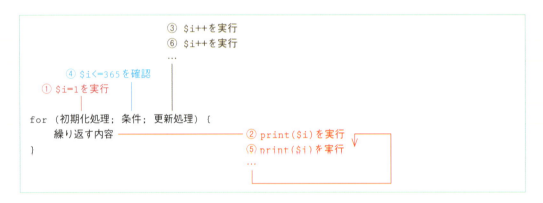

つまり、while構文では行を分けて記述していた、繰り返しのための処理を;(セミコロン)で区切って、全部詰め込んでしまうという方法です。

非常に効率よくプログラムが記述できますが、条件の内容などによっては書き方が複雑になりすぎてしまうので、うまく使い分けていくと良いでしょう。慣れるまでは、while構文だけを使うようにしても構いません。

練習問題

100から1までの数字を、偶数だけ(100, 98, 96, 94...) 表示してみましょう。答えはP.131。

Chapter 3-7

1年後までのカレンダーを作成する

Chapter 3-6では、1から365まで単純に数字を表示するプログラムを作成しました。しかし、実際にはこのように単純に数字を画面に表示するということは少なく、他のファンクションなどを組み合わせて、便利に活用されます。ここでは、日付処理のファンクションを使って、今日から1年後までを表示するカレンダーを出力してみましょう。

完成時の出力とプログラム

```
1年後までのカレンダーを作成する

1/23(Tue)
1/24(Wed)
1/25(Thu)
1/26(Fri)
1/27(Sat)
1/28(Sun)
1/29(Mon)
1/30(Tue)
1/31(Wed)
2/1(Thu)
```

使うファンクション

```
for, date, strtotime, print
```

プログラム
sample07.php

```php
<?php
for ($i=1; $i<=365; $i++) {
    $day = date('n/j(D)', strtotime('+' . $i . 'day'));
    print ($day . "\n");
}
?>
```

このプログラムのポイント

dateファンクションは、Chapter 3-3で取り上げましたが、日付を表示するためのファンクションでしたね。例えば、次のようなプログラムを見てみましょう。

```
01  $day = date('n/j(D)');
02  print($day . "\n");
```

このプログラムを実行すると、「1/3(Wed)」などのように月と日、そして曜日の英語3文字が表示されます。詳しくは、P.041ページの表と見比べてみてください。
　さて、この`date`ファンクションには、実は<u>2つめのパラメーター</u>を指定することができます。次のリファレンスを確認してみましょう。

・date - php.net

　　http://php.net/manual/ja/function.date.php

次のような書式であることが分かります。

書式 dateファンクションの書式
```
string date ( string $format [, int $timestamp = time() ] )
```

1つめのパラメーター(`string $format`)が日時をどう表示するかのフォーマットですが、その後に角かっこ(`[ ]`)でパラメーターが続いています。角かっこは、「省略可能なパラメーター」という意味です。<u>タイムスタンプ</u>を<u>整数(Integer)</u>で指定すると示されています。また、その後に「`= time()`」と示されていて、これはタイムスタンプの指定を省略した場合は`time`ファンクションを使うということを示しています。`time`ファンクションは「現在の時刻のタイムスタンプを取得する」というファンクションです。
　では、<u>タイムスタンプ</u>とはなんでしょう。試しに次のようにして、`time`ファンクションの動きを確認してみましょう。

```
01  $time = time();
02  print($time);
```

すると「1504095716」などの非常に大きさ数字が表示されました。これがタイムスタンプで、1970年1月1日から数えた「秒」を表わしています。コンピューターは、この数字を元にさまざまな日付の計算を行っているのです。
　では、`date`ファンクションで2つめのパラメーターにタイムスタンプを指定すると、なにが起こるのでしょう？　試しに次のように記述してみましょう。

```
01  $day = date('n/j(D)', 86400);
02  print($day . "\n");
```

058　Chapter 3　PHPの基本を学ぼう

これは、「1/2(Fri)」と表示されます。86400というのは「60×60×24」つまり、「24時間後」を示しています。タイムスタンプの最初の日時（1970年1月1日）の次の日である、1970/1/2の日付を表示したというわけです。この日は、金曜日だったということまで分かります。

こうして、タイムスタンプを指定すると簡単に自由な日付を表示させることができます。しかし、1970年1月1日からの時間の計算をするのが面倒です。そこで、使えるのが「strtotime」ファンクションです。

strtotimeファンクション

strtotimeファンクションは一見すると分かりにくいですが、「str to time」と空白を入れると分かりやすいでしょう。最初の「str」は「string」の略称で「文字列」という意味。つまり、「文字列(str，string)を(to)タイムスタンプ(time)」に変換するファンクションです。
次のようにして利用します。

書式 strtotimeファンクションの書式

```
タイムスタンプ = strtotime(日付を表わす文字列 [, 計算のためのタイムスタンプ = time() ]);
```

かなり賢いファンクションで、いろいろな形式で日付を指定することができます。例えば、徳川家康の誕生日のタイムスタンプを取得する場合は、次のようにして指定します。

```
01  $ieyasu = strtotime('1543/1/31');
```

また、「明後日」を表わす場合は次のようにも指定できます。

```
01  $day_after_tomorrow = strtotime('+2day');
```

ここで取得したタイムスタンプを、先ほどのdateファンクションの2つめのパラメーターとして利用できるのです。明後日の日付を表示するには、次のように記述します。

```
01  $day_after_tomorrow = strtotime('+2day');
02  $day = date('n/j(D)', $day_after_tomorrow);
03  print($day . "\n");
```

図3-7-1

```
2/2に実行した場合
  2/4(Sun)
```

繰り返し構文でstrtotimeファンクションを利用しよう

それでは本題です。今日から、1年後までのカレンダーを曜日付きで表示してみましょう。まず、繰り返しの構文は、Chapter 3-6で使ったfor構文を使って、次のように記述します。

```
01  for ($i=1; $i<=365; $i++) {
02  }
```

先ほどの`strtotime`のパラメーターで「+○day」という指定がありましたが、ここに数字を当てはめていくと、タイムスタンプを1日ずつずらせることが分かります。そのため、次のようにしましょう。

```
01  for ($i=1; $i<=365; $i++) {
02      $timestamp = strtotime('+' . $i . 'day');
03  }
```

こうして、1日後から365日後まで繰り返し、タイムスタンプを取得できるので、これを使って日付を表示しましょう。

```
01  for ($i=1; $i<=365; $i++) {
02      $timestamp = strtotime('+' . $i . 'day');
03      $day = date('n/j(D)', $timestamp);
04      print ($day . "\n");
05  }
```

これで、実行すると1年後までの日付を表示することができました。

パラメーターにファンクションを指定する

実は、パラメーターには変数の他に「戻り値のあるファンクション」を指定することもできます。次のプログラムを見てみましょう。

```
01  $timestamp = strtotime('+' . $i . 'day');
02  $day = date('n/j(D)', $timestamp);
```

ここでは、いったん「`$timestamp`」という変数にタイムスタンプを代入し、それを`date`ファンクションの2つめのパラメーターに指定しています。
しかし、この変数はこのためだけに使われて、この後では不要になるためもったいない使い方です。
このような場合は、直接パラメーターに「`strtotime`」ファンクションを指定してしまいます。

```
01  $day = date('n/j(D)', strtotime('+' . $i . 'day'));
```

これで、プログラムを短くすることができました。同じように、printファンクションのパラメーターにもファンクションを指定できるため、次のようにすることも実際には可能です。

```
01  print (date('n/j(D)', strtotime('+' . $i . 'day')));
```

これでも正しく動作しますが、ちょっとかっこが入りすぎて、見にくくなってしまいました。そこで、完成プログラムではいったん$date変数に代入してから、表示するプログラムにしています。このあたりは、好みで使い分けても良いでしょう。

練習問題
このプログラムを、while構文を使って作ってみよう。答えはP.131。

COLUMN

while構文やfor構文を別々のブロックとして書く場合

Chapter 3-6やChapter 3-7では、while構文やfor構文などの制御構文は1つの<?php ~?>のまとまりの中に書いていましたが、離して書くこともできます。

while構文を離して書く場合

```
<?php while (): ?>     ──── ()の後ろはセミコロンでなくコロン
繰り返したい処理
<?php endwhile; ?>     ──── 最後はセミコロン
```

for構文を離して書く場合

```
<?php for (): ?>       ──── ()の後ろはセミコロンでなくコロン
繰り返したい処理
<?php endfor; ?>       ──── 最後はセミコロン
```

「繰り返したい処理」の部分には、HTMLを入れることもできますし、PHPの命令を入れることもできます。

Chapter 3-8

曜日を日本語で表示する —— 配列

Chapter 3-7のプログラムで、曜日を表示してみましたが、残念ながら英語で表示されてしまいました。これを、日本語で表示することはできないでしょうか？
こんな時に便利なのが、変数の応用編「配列」です。

完成時の出力とプログラム

```
曜日を日本語で表示する - 配列

今日は、月曜日です
```

使うファンクション

```
array, print, date
```

プログラム
sample08.php

```php
01  // PHP5.4～の場合
02  $week_name = ['日', '月', '火', '水', '木', '金', '土'];
30
04  // PHP5.3以前の場合
05  $week_name = array('日', '月', '火', '水', '木', '金', '土');
06
07  print ('今日は、' . $week_name[date('w')] . '曜日です');
```

このプログラムのポイント

まずは、次のプログラムを動かしてみましょう。

```php
01  print(date('w'));
```

dateファンクションは、すでに何度も使っていますが日付の要素を取得するためのファンクションです。「w」というパラメーターは「曜日」を取得します。

曜日は、Chapter 3-7で「D」で取得しましたが、「D」は「Fri」などの英語3文字を取得します。今回使う「w」は、数字で曜日を取得するというパラメーターです。次のような対応になります。

```
0 = 日
1 = 月
2 = 火
...
6 = 金
```

となります。では、このような曜日の数字を日本語に変えたいときはどうしたらよいでしょうか？
こんな時は「配列」を使うと便利です。

配列とは

配列とは、変数と似たようなものですが、変数はその中に「1つ」の値しか代入することができません。しかし、配列の場合は1つの配列の中に複数の値を代入することができます。
次のように定義してみましょう。

```
01  $week_name = ['日', '月', '火', '水', '木', '金', '土'];
```

なお、このプログラムはPHP5.4以降でしか動作しません。それ以前の場合は、次のように記述します。

```
01  $week_name = array('日', '月', '火', '水', '木', '金', '土');
```

このように、大かっこ(またはarray( ))で囲って、代入したい要素をカンマ区切りで指定していきます。この配列は、変数に似ていますが、そのままでは扱うことができません。例えば、次のように表示してみましょう。

```
01  $week_name = ['日', '月', '火', '水', '木', '金', '土'];
02
03  print($week_name);
```

画面には「Array」とだけ表示されます。また、設定によっては次のような警告(Notice)も表示されます。

```
> PHP Notice:  Array to string conversion
```

配列はそのままでは表示できないので、文字列に変換したという警告ですね。
では、どのように配列を扱ったら良いでしょう？　ここで出てくるのがインデックス(添え字)です。

063

インデックス（添え字）とは

配列は、次のようにして扱います。

```
$week_name = ['日', '月', '火', '水', '木', '金', '土'];

print($week_name[1]);
```

変数名（配列名）の後に、ブラケット（[ ]）を続けて数字を指定しています。これで画面には「月」と表示されます。

配列は、代入したときに左から順番に「0, 1, 2...」という管理番号を付加します。これを「インデックス（Index）」または「添え字」といいます。そのため、次のように指定すると通常の変数と同じように内容を次々に取り出せるというわけです。

```
$week_name = ['日', '月', '火', '水', '木', '金', '土'];

print($week_name[0]);    // 日
print($week_name[1]);    // 月
print($week_name[2]);    // 火
...
print($week_name[6]);    // 土
```

インデックスを数字で指定してしまうと、あまり便利さが分かりませんが、配列の便利な点はインデックスを変数などで制御すれば、「その場に応じて」取り出される内容が変わるという点です。例えば、次のようなプログラムを動かしてみましょう。

```
$week_name = ['日', '月', '火', '水', '木', '金', '土'];

$week = 1 + 3;
print($week_name[$week]);
```

これは、「木」が表示されます。なぜなら、$weekという変数には1+3の結果である4が代入され、それをインデックスとして使っているため「$week_name[4]」が指定されたことになり、「木」が取り出されるためです。

このしくみを利用すれば、先のように曜日が数字で取得できる、dateファンクションの「w」パラメーターが有効に活用できます。

インデックスにこのファンクションで得られる値を使ってみましょう。

```
// PHP7～の場合
$week_name = ['日','月','火','水','木','金','土'];

print ('今日は、' . $week_name[date('w')] . '曜日です');
```

これで、今日の曜日を日本語で表示することができるようになりました。配列は、この他にもさまざまな場面で利用できる便利な要素なので、活用していきましょう。

練習問題

次のリストを配列にし、自分の年代を画面に表示してみましょう。答えはP.132。

・10代以下
・20代
・30代
・40代
・50代
・60代以上

COLUMN

0から始まる数え方

配列のインデックスは、最初の要素が「0番目」となります。また、dateファンクションの曜日も日曜日は0でした。
私達の普段の生活では、最初のものを「1」から数えることが一般的です。しかし、コンピューターは「整数」で扱うため、0が最初の数となります。注意しましょう。

Chapter 3-9

英単語と日本語の対応表を作る
── 連想配列

Chapter 3-8で紹介した「配列」には、インデックスが数字で表せる「配列」と、インデックスをキーで示す「連想配列」があります。ここでは、キーを英単語に、その内容を日本語にして、英単語表を作ってみましょう。

完成時の出力とプログラム

```
英単語と日本語の対応表を作る - 連想配列
apple : りんご
grape : ぶどう
lemon : レモン
tomato : トマト
peach : もも
```

使うファンクション

array, foreach, print

プログラム
sample09.php

```
01  <?php
02  // PHP 5.3以前の場合は arrayを利用しましょう
03  $fruits = [
04      'apple' => 'りんご',
05      'grape' => 'ぶどう',
06      'lemon' => 'レモン',
07      'tomato' => 'トマト',
08      'peach' => 'もも'
09  ];
10
11  foreach ($fruits as $english => $japanese) {
12      print ($english . ' : ' . $japanese . "\n");
13  }
14  ?>
```

このプログラムのポイント

例えば、次のような配列を考えましょう。

```
01  $fruits = ['りんご', 'ぶどう', 'レモン', 'トマト', 'もも'];
```

この場合、「レモン」を取り出したければ次のように、「2」を指定すれば良いことになります。

```
01  print ($fruits[2]);
```

しかし、上記のフルーツの一覧はなにかの順番に並んでいるわけではないので、2という数字とレモンには関連性がなく、どの数字でどのフルーツが取り出せるかがわかりにくいです。このような場合は、自分でインデックスを作ってしまうことができます。これを「連想配列」といいます。

連想配列の作り方

連想配列を作る場合は、「キー」となる内容と「値」となる内容を両方指定します。この時、次のように「=>」という記号を使って「キー => 値」と書きます。

```
01  $fruits = [
02      'apple' => 'りんご',
03      'grape' => 'ぶどう',
04      'lemon' => 'レモン',
05      'tomato' => 'トマト',
06      'peach' => 'もも'
07  ];
```

ここで、「=>」という記号は不等号ではありません（>= と似ていますが、左右が反対です）。矢印のような形を作っていると考えると良いでしょう。
こうすると、例えば先ほどの「レモン」を取り出す場合は、次のようにできます。

```
01  $fruits = [
02      'apple' => 'りんご',
03      'grape' => 'ぶどう',
04      'lemon' => 'レモン',
05      'tomato' => 'トマト',
06      'peach' => 'もも'
07  ];
08  print($fruits['lemon']);
```

これなら、レモンを取り出したいということが分かりやすくなりました。
では例えば、この連想配列の内容をすべて画面に表示したい場合は、どうしたらよいでしょう？ こんな時に使えるのが「foreach」という繰り返し構文です。

配列と組み合わせられる「foreach」構文

繰り返し構文としてはこれまで、「for」構文と「while」構文を紹介しました。実はもう1つ、「foreach」構文があります。これは、配列と組み合わせて利用されるもので「配列のすべての要素を取り出すまで」繰り返されるという特殊な動きをします。

次のように利用します。

書式 foreachの使い方

```
// 通常の配列の場合、または連想配列の値だけ必要な場合
foreach (配列 as 値) {
    繰り返す内容
}

// 連想配列のキーと値を取り出す場合
foreach (配列 as キー => 値) {
    繰り返す内容
}
```

ここで、「配列」には作成した配列の変数名を指定します。「キー」と「値」には、それぞれ任意の変数名を指定します。そうすると、繰り返しのたびに、配列の「キー」と「値」が順番に代入されます。

```
01  $fruits = [
02      'apple' => 'りんご',
03      'grape' => 'ぶどう',
04      'lemon' => 'レモン',
05      'tomato' => 'トマト',
06      'peach' => 'もも'
07  ];
08              キー        値
09  foreach ($fruits as $english => $japanese) {
10              配列      キー         値
11  }
```

すると、繰り返しの中ではこの変数にあらかじめ内容が代入された状態で利用できるというわけです。画面に表示してみましょう。

```
01  $fruits = [
02      'apple' => 'りんご',
03      'grape' => 'ぶどう',
04      'lemon' => 'レモン',
05      'tomato' => 'トマト',
06      'peach' => 'もも'
07  ];
```

```
08
09  foreach ($fruits as $english => $japanese) {
10      print ($english . ' : ' . $japanese . "\n");
11  }
```

これを実行すると、P.066の図のように表示されます。配列の中身が繰り返しのたびに順番に変数に代入されて、画面に表示されました。

連想配列は例えばこの他、独自の商品コード体系を持った商品のリストを管理する場合や、都道府県名を英語(hokkaido, tokyo)と日本語(北海道, 東京)で対応させて管理するなど、さまざまな場面で活用できます。

練習問題

右の連想配列を画面に表示してみましょう。答えはP.132。

キー	値
win	Windows
mac	Macintosh
iphone	iPhone
ipad	iPad
android	Android

COLUMN

foreach構文を別々のブロックとして書く場合

foreach構文も、while構文やfor構文などと同じく別々の<?php ～ ?> の中に分けて書くこともできます。

foreach構文を離して書く場合

```
// 通常の配列の場合、または連想配列の値だけ必要な場合
<?php foreach (配列 as 値): ?>  ——— ()の後ろはセミコロンでなくコロン
繰り返したい処理
<?php endforeach; ?>  ——— ()の後ろはセミコロン

// 連想配列のキーと値を取り出す場合
<?php foreach (配列 as キー => 値): ?>  ——— ()の後ろはセミコロンでなくコロン
繰り返したい処理
<?php endforeach; ?>  ——— ()の後ろはセミコロン
```

while構文やfor構文などと同じく、「繰り返したい処理」の部分には、HTMLを入れることもできますし、PHPの命令を入れることもできます。

Chapter 3-10

9時よりも前の時間の場合に、警告を表示する —— if構文

受付時間があるWebサイトなどでは、ユーザーがアクセスしたタイミングによって警告を表示したい場合などがあります。ここでは、if構文を使って、時間によって処理を振り分けてみましょう。

完成時の出力とプログラム

```
9時よりも前の時間の場合に、警告を表示する - if構文

ようこそ
```

```
9時よりも前の時間の場合に、警告を表示する - if構文

※ 現在受付時間外です
```

使うファンクション

```
if, date, print
```

プログラム
sample10.php

```
01  <?php
02  if (date('G') < 9) {
30    print('※ 現在受付時間外です');
04  } else {
05    print('ようこそ');
06  }
07  ?>
```

このプログラムのポイント

プログラムを作成していると、必ず「この場合はこうする」という動きを表現したいことが出てきます。

- 名前が入力されていなければ、エラーメッセージを表示したい
- 在庫の数が0だったら、購入できないようにしたい
- 既に存在していたら処理を飛ばしたい

このような「○○なら、××」という動きを表現するのが「if」という構文です。次のように使います。

書式 if構文の書式

```
if (条件式) {
    合致した場合の処理
} else {
    合致しなかった場合の処理
}
```

「条件式」には、「はい」または「いいえ」で回答できる内容を記述します。これを「ブール式(Bool、Boolean)」といい、プログラミングの世界では「はい」を「true」、「いいえ」を「false」といいます。

条件式の作成

条件式には、Chapter 3-6で紹介した「比較演算子」を使った演算を利用することができます。その演算の結果が、「true」の場合と「false」の場合で処理を振り分けることができるというわけです。それでは、ここで「9時よりも前」というのはどのように判断したらよいでしょうか。
まずは、現在の時刻を取得します。「date」ファンクションで24時間単位で現在時刻を取得するパラメーター「G」を使いましょう。

```
date('G')
```

ここで得られた値が、9未満の場合に「9時よりも前」であることを表わすことができます。そこで、比較演算子「<」を使って次のように表わしましょう。

```
date('G') < 9
```

これで条件式ができあがりました。

elseの省略

条件式によってはfalseだった場合は特に何も処理をしないという場合があります。この時、「else」以降を省略できます。例えば、「9時よりも前の時だけ、警告を表示する」(9時以降ならなにもしない)というプログラムにする場合は、次のように記述します。

```
01  if (date('G') < 9) {
02      print('※ 現在受付時間外です');
03  }
```

このようにした場合、9時を越えていたときにはなにも起こらず、次のプログラムへと進むことになります。

他にも省略できる条件式

PHPは、使いやすさを第一に考えられたプログラミング言語であるため、ときにはちょっとルール違反のようなこともできることがあります。

例えば、次のプログラムを見てみましょう。

```
01  $x = 'あいうえお';
02  if ($x) {
03      print('xには文字が入っています');
04  }
```

この「$x」は、ブール値ではありません。「あいうえお」という文字が入っています。しかし、これも正しく動作するプログラムです。変数は、if構文の条件に指定された場合、内容が入っていれば「true」、入っていなければ「false」になるという特性があるため、このようなプログラムが成り立つのです。次の例を見てみましょう。

```
01  $x = 0;
02  if ($x) {
03      print('xは0です');
04  }
```

続いては「0」という数字の入った変数です。これも正しく動作します。数字の入った変数は、その内容が「0」の場合は「false」を、それ以外は「true」を返します。そのため、この条件の場合は「$x」が0であるため、「false」となります。

次の例を見ていきましょう。

```
01  $x = 0;
02  if (!$x) {
03      print('xは0です');
04  }
```

先ほどとほぼ同様ですが、「$x」の前に「!(エクスクラメーションマーク)」がついています。これは「否定」という意味の演算子。つまり、条件式がtrueの場合はfalseに、falseの場合はtrueに変わります。この場合、「$x」は0であるため「false」になります。しかし、これを否定する「!」がついているため、条件式全体では「true」となります。

これらの記述は、プログラムが分かりにくくなってしまうため、あまりおすすめできるものではありません。しかし、プログラムに慣れてきたら1文字でも節約して、素早くプログラムを記述したくなるものです。そのときに、思い出すとよいでしょう。

練習問題

次の変数が0のときは「1以上の数字を指定してください」というメッセージを出すプログラムを記述しなさい。答えはP.132。

```
01  $answer = 0;
```

COLUMN

if構文を別々のブロックとして書く場合

if構文も、while構文やfor構文などと同じく、別々の<?php ～ ?>の中に分けて書くこともできます。

if構文を離して書く場合

```
//1つの条件式で分岐させる場合
<?php if (条件式): ?>          ──── ()の後ろはセミコロンでなくコロン
合致した場合の処理
<?php endif; ?>                ──── ()の後ろはセミコロン
```

```
//複数の条件式で分岐させる場合
<?php if (条件式A): ?>         ──── ()の後ろはセミコロンでなくコロン
Aに合致した場合の処理
<?php else: ?>
Aに合致しなかった場合の処理
<?php endif; ?>                ──── ()の後ろはセミコロン
```

「繰り返したい処理」の部分には、HTMLを入れることも、PHPの命令を入れることもできます。

Chapter 3-11

小数を整数に切り上げる・切り下げる
── ceil、floor、round

消費税の計算や、進行具合、割合などの計算をすると小数になってしまうことがあります。これをうまく切り捨てたり切り上げて表示しましょう。

完成時の出力とプログラム

小数を整数に切り上げる・切り下げる - ceil, floow, round

3,000円のものから、100円値引きした場合は、3%引きです

■ その他の計算
元の計算式→3.3333333333333
切り上げ（ceil）→4
四捨五入(round)→3.3

使うファンクション

```
floor、ceil、round、print
```

プログラム
sample11.php

```
01  3,000円のものから、100円値引きした場合は、<?php print(floor(100 / 3000 *
02  100)); ?>%引きです
03
04  ■ その他の計算
05  元の計算式→<?php print(100 / 3000 * 100); ?>
06
07  切り上げ（ceil）→<?php print(ceil(100 / 3000 * 100)); ?>
08
09  四捨五入(round)→<?php print(round(100 / 3000 * 100, 1)); ?>   …1
```

このプログラムのポイント

100 ÷ 3000 × 100という計算は割り切れないため、3.3333333...という結果になってしまいます。しかし、このままでは画面に表示しにくいので小数を丸めて処理しましょう。
ここでは、小数は切り捨てて計算するので「floor」ファンクションを使います。

```
01  <?php print(floor(100 / 3000 * 100)); ?>
```

小数を丸めるファンクションには、この他にも「切り上げ(ceil)」「四捨五入(round)」があり、場合によって使い分けます。それぞれ、元の値をパラメータとして与えるだけで利用することができます。roundだけは、2つ目のパラメータを指定することができ、次のような書式になります。

書式

四捨五入した値 = round(【元の値】, 【小数第何位を対象とするか】);

1 では、「1」と指定したので小数第1位まで表示されました。

```
01  <?php print(round(100 / 3000 * 100, 1)); ?>
```

省略した場合は、小数第1位を四捨五入して、結果は整数になります。

COLUMN

論理演算子

if構文などで使える演算子には、もう1つ「論理演算子」があります。
「Aという条件が満たされていて、なおかつBという条件も満たされている」など、複数の条件を組み合わせるときに使い、右表の種類があります。例えば、「$answerという変数が10以上でかつ、100以下」という条件を作るには、次のように「&&」を利用します。

演算子	意味
&& または and	AかつB
|| または or	AまたはB
!	Aではない

```
01  $answer = 15;
02  if ($answer >= 10 && $answer <= 100) {
30      ...
04  }
```

実際の利用方法は、P.128をご覧ください。

Chapter 3-12

書式を整える —— sprintf

例えば、日付を出力するときに、「01」「02」などという具合に、必ず2桁として出力したい場合があります。このように、書式を整えたいときは「sprintf」が便利です。

完成時の出力とプログラム

このプログラムのポイント

sprintfファンクションは、適当な文をさまざまな指定に合わせて書式を整えることができるファンクションです。1番目のパラメータで「%d」などの書式指定を含む出力結果を書き、2番目以降のパラメータで、「%d」などを置き換える値を書きます。

まずは、次のプログラムから見ていきましょう。このプログラムを実行すると、そのまま「10」と表示されます。

```
01  <?php
02  $fix = sprintf('%d', 10);
03  print($fix);
04  ?>
```

それでは、次を試してみましょう。今度は、「0」と表示されます。これは、1番目のパラメータで指定した「%d」という指定に「数字として整える」という意味があるため（dはdigit＝数字の意味）です。

```
01  <?php
02  $fix = sprintf('%d', 'abc');
03  print($fix);
04  ?>
```

文字を表示するためには、次のようにします。sは、string（＝文）という意味です。
このように、「%」記号と組み合わせた記号を利用することで、さまざまな書式を利用することができます。

```
01  <?php
02  $fix = sprintf('%s', 'abc');
03  print($fix);
04  ?>
```

また、例えば次のように「%」と「d」の間に数字を入れると、面白いことが起こります。実行すると、画面には「00010」と表示されます。「%05d」は「5桁になるまで0を補って数字として整える」という意味です。

```
01  <?php
02  $fix = sprintf('%05d', 10);
03  print($fix);
04  ?>
```

完成プログラムでは1番目のパラメータに複数の書式指定があります。この場合、特に指定しなければ、前から順に2番目以降のパラメータが代入されます。つまり、1つ目の指定には2番目のパラメータ、2つ目の指定には3番目のパラメータが代入されるというわけです。
このプログラムでは、年の「%04d」に2番目のパラメータ「2018」を代入して4桁にし、月と日の「%02d」に3番目の「1」、4番目の「23」を代入して2桁にして表示しています。
その他の書式については、リファレンスなどを参考にしてみましょう。

http://jp2.php.net/manual/ja/function.sprintf.php

Chapter 3-13

ファイルに内容を書き込む
── file_put_contents

プログラムで様々な処理をしたら、それを保存しておかないとすぐに消えてしまいます。ここでは、最も基本的なテクニックであるファイル保存を試してみましょう。

完成時の出力とプログラム

ファイルに内容を書き込む - file_put_contents

ファイルへの書き込みが完了しました。

使うファンクション

```
file_put_contents
if
print
```

プログラム
sample13.php

```
01  <?php
02  $success = file_put_contents('./news_data/news.txt', '2018-06-01 ホームページをリニューアルしました');  …1
30  if ($success) {  …2
04      print('ファイルへの書き込みが完了しました。');
05  } else {
06      print('書き込みに失敗しました。フォルダの権限などを確認してください。');
07  }
08  ?>
```

このプログラムのポイント

PHPは、ファイルに情報を書き込むのも簡単です。「file_put_contents」ファンクションを使います。次のようなパラメータを指定します。

書式 file_put_contentsファンクションの使い方

書き込んだ容量 = file_put_contents(【ファイルパス名】, 【書き込む内容】);

これで、自動的にファイルが作成されて、内容が書き込まれます。ファイル名の部分には、ファイルパス（P.110参照）を指定することができ、■では「news_data」というフォルダ内にファイルを作ろうとしています。

そのため、PHPファイルと同じ階層に「news_data」というフォルダを作っておく必要があります。レンタルサーバなど、外部のサーバを利用している場合はフォルダに書き込み権限を与えます。詳しくはChapter 3-28を参照してください。

処理した後、ファンクションの戻り値として書き込んだ容量を得ることができますが、書き込むのに失敗すると「false」が返ってきます。そこで$successという変数に戻り値を入れ、■ではif構文で$successがfalseでない場合には成功のメッセージ、falseの場合はその旨メッセージを表示しました。1以上の数は「true」と同じ意味に使えることを利用したプログラムです。

外部サーバではファイルののぞき見に注意

このサンプルは、自分のパソコン内で試す前提なので、適当なフォルダに保存しました。しかし、もしレンタルサーバなど外部のサーバを使う場合には注意が必要です。なぜなら、ブラウザのアドレス欄に次のように打ち込むと、ファイルの内容が見られてしまうのです。

```
http://【ドメイン名】/news_data/news.txt
```

そこで、通常、ファイルは「ドキュメントルート」よりも外に保存します。最近のレンタルサーバでは、Webページを公開するために、FTPで接続したフォルダから「htdocs」や「httpdoc」、「www」などといったフォルダの中に保存するように説明されます。これが「ドキュメントルート」です。
このフォルダの中に保存したファイルは、Webブラウザで閲覧できてしまうため、このフォルダよりも外にファイルを保存すればよいのです。例えば、次のようになります。

```
01  <?php
02  file_put_contents('../../data/news_data/news.txt', '比較的安全にファイルを保存でき
    ます');
03  ?>
```

この場合の保存場所は図3-13-1のようになります。
実際のパスなどは、お使いのレンタルサーバーなどの説明資料を確認してみましょう。

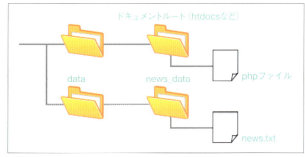

図3-13-1

Chapter 3-14

ファイルの読み込み
── file_get_contents

前節でファイルへの書き込みができたので、今度は読み込みをしてみましょう。こちらも非常に簡単にできます。また、これができると「ファイルへの追記」もできるようになるので、紹介しましょう。※Chapter 3-13を先に試してから、試すとよいでしょう。

完成時の出力とプログラム

ファイルの読み込み - file_get_contents

2018-06-01 ホームページをリニューアルしました

使うファンクション

```
file_get_contents
print
```

プログラム
sample14.php

```php
01  <?php
02  $news = file_get_contents('./news_data/news.txt');
03  print($news);
04  ?>
```

このプログラムのポイント

ファイルを読み込むには「file_get_contents」ファンクションを使います。パラメータは1つで、読み込むファイルパス(P.112参照)を指定します。

読み込んだ内容は、変数にいったん保存するなどして、自由に利用することができます。ここでは、単純にprintファンクションで画面に表示しています。非常に簡単に扱うことができるので、ぜひ使ってみましょう。

読み込みと表示を同時に行うreadfile

ファイルを読み込んで画面にそのまま表示するというプログラムはよくあります。そのため、これを一気に行うファンクション「`readfile`」が準備されています。

例えば本文のプログラムは、次のように書き換えることができます。

```
01  <?php
02  readfile('./news_data/news.txt');
03  ?>
```

ただし、読み込んだ内容を変数に代入することができないため、読み込んでから内容を加工する必要があるときなどには、本文の通り「`file_get_contents`」を使いましょう。

ファイルを追記する

本節の「ファイルの読み込み」と前節の「ファイルの書き込み」を組み合わせると、ファイルに内容を追加するいわゆる「追記」を行うことができます。次のプログラムを確認してみましょう。

```
01  <?php
02  $doc = file_get_contents('./news_data/news.txt');
03  $doc .= "<br />2018-06-02 ニュースを追加しました";   …1
04  file_put_contents('./news_data/news.txt', $doc);
05
06  readfile('./news_data/news.txt');
07  ?>
```

ファイルを読み込んで、内容を付け足して保存しています。最後に、保存したファイルを再び読み込んで画面に表示しているというプログラムです。

ポイントは、1で「.=」という演算子が使われています。これは、文字列連結を省略する書き方で、次の書き方と同じ意味です。

```
01  $doc = $doc . "<br />2018-06-02 ニュースを追加しました";
```

これで、内容が追加されるのであとはファイルに書き込めば完了です。少し面倒ですが、「`file_put_contents`」はファイルの上書きになるため、追記したい場合はこのように操作しましょう。

081

Chapter 3-15

XMLの情報を読み込む
—— simplexml_load_file

RSSや、WebAPIといったサービスでは「XML」ファイルがやり取りされることがよくあります。PHPでは、XMLを扱うのも非常に簡単です。

完成時の出力とプログラム

XMLを読み込む

- 【12/2】『失敗しないWeb制作ディレクション術』（富山県）に出演いた
- 【12/22】『CPI 20周年サンクスキャラバン in 東京』に出演いたします
- 【1/31】kintoneの使い方を学ぶ1Dayコース 初心者のための kintone使い方
- Udemyで『[HTML/CSS/JavaScript] フロントエンドエンジニアになりたい
- 【11/28】Adobe MAX Japan 2017に出演いたします
- 【11/8】Cybozu Days 2017 『kintone hack』に出演いたします
- cybozu developer networkに、『WordPress連携2 kintoneのデータをWordP
- 『よくわかるPHPの教科書』が増刷されました
- 『これからWebをはじめる人のHTML&CSS、JavaScriptのきほんのきほん』
- 『WordCamp 2017 Tokyo』に協賛しました

使うファンクション

```
simplexml_load_file
```

プログラム
sample15.php

```php
01 <?php
02 $xmlTree = simplexml_load_file('https://h2o-space.com/feed');
03 foreach($xmlTree->channel->item as $item) :    ⋯①
04 ?>
05   <a href="<?php print($item->link); ?>"><?php print($item->title); ?></a>
06 <?php
07 endforeach;
08 ?>
```

このプログラムのポイント

XMLを読み込むには、PHP5から採用された「simplexml_load_file」ファンクションを使うのが最も簡単です。パラメータとして、XMLのファイル名を指定します。ここでは、ブログのRSS情報を指定しました。この書式は次のようになっています。

書式 simplexml_load_fileファンクションの使い方

```
XMLオブジェクト = simplexml_load_file(【XMLファイル名】);
```

ただし、XMLの扱いはここからが大変で、「XMLオブジェクト」という形式を扱わなければなりません。詳細は後述の項目を参照してください。オブジェクトの場合、配列の「=>」と違って「->」という記号を使ってプロパティにアクセスします。

XMLの内容を見ていきましょう。ここでは、サイトの更新情報を配信する「RSS」というXMLデータを利用します。以下は、筆者のWebサイトが配信している、ニュースのRSSです。

```
01  <?xml version="1.0" encoding="UTF-8"?><rss version="2.0"
02      xmlns:content="http://purl.org/rss/1.0/modules/content/"
03      …
04      >
05
06      <channel>   …2
07      <title>H2O space</title>   …3
08      <atom:link href="https://h2o-space.com/feed/" rel="self"
    type="application/rss+xml" />
09      <link>https://h2o-space.com</link>
10      <description>ちゃんとWeb</description>
11
12      …
13      <item>   …4
14          <title>【12/2】『失敗しない Web制作ディレクション術』（富山県）に出演いたします</title>
15          <link>https://h2o-space.com/2017/11/1533/</link>
16          <pubDate>Thu, 23 Nov 2017 03:17:20 +0000</pubDate>
17          <dc:creator><![CDATA[TANIGUCHIMakoto]]></dc:creator>
18              <category><![CDATA[イベント]]></category>
19
20          <guid isPermaLink="false">https://h2o-space.com/?p=1533</guid>
21          <description><![CDATA[]]></description>
22              <content:encoded><![CDATA[]]></content:encoded>
23      </item>
24      <item>
25          <title>【12/22】『CPI 20周年サンクスキャラバン in 東京』に出演いたします</title>
26          <link>https://h2o-space.com/2017/11/1529/</link>
27          <pubDate>Thu, 16 Nov 2017 01:02:40 +0000</pubDate>
```

```
28          <dc:creator><![CDATA[TANIGUCHIMakoto]]></dc:creator>
29          <category><![CDATA[イベント]]></category>
30
31          <guid isPermaLink="false">https://h2o-space.com/?p=1529</guid>
32          <description><![CDATA[]]></description>
33          <content:encoded><![CDATA[]]></content:encoded>
34        </item>
35        …
36
37     </channel>
38  </rss>
```

XMLオブジェクトは、このXMLを順番に読み込んでいきます。例えば、はじめは「channel」要素が現れます(2)。これにアクセスするには次のように書きます。

```
$xmlTree->channel
```

続いて、例えばブログ名は「title」要素(3)にあるので、これを得るにはつなげて記述します。

```
$xmlTree->channel->title
```

同じように、ブログの内容は「item」要素(4)に含まれていますので次のように記述します。

```
$xmlTree->channel->item
```

item要素は、ブログの記事の数に従って複数あります。そのため、ここで配列になります。そして、記事のタイトルは「title」要素なので、取得するには次のように書きます。

```
$xmlTree->channel->item[0]->title
```

この配列の内容をすべて読み込めば、RSSを読み込むことができるので、1のような繰り返し処理が必要なことが分かります。あとは、タイトルとリンク先を使って、リストを構築したというわけです。RSSにはこの他にもカテゴリの情報や、内容も一部含まれています。必要な要素を使って、さまざまなプログラムに活用することができます。

Chapter 3-16

JSONを読み込む

XMLと並んで、よく使われるデータ形式に「JSON」があります。JSONはもともとJavaScriptで使われていたデータ形式ですが、その扱いやすさから他のプログラミング言語でも使われるようになりました。

完成時の出力とプログラム

```
JSONを読み込む

・【3/25】Adobe Creative Cloud®の最新web制作実践講座に出演いたします
・【2/25】ウェブかける × Dreamweaver（XDもあるよ！）に出演いたします
・【12/2】『失敗しない Web制作ディレクション術』（富山県）に出演いたし
・【12/22】『CPI 20周年サンクスキャラバン in 東京』に出演いたします
・【1/31】kintoneの使い方を学ぶ 1Dayコース 初心者のための kintone使い方
・Udemyで『[HTML/CSS/JavaScript] フロントエンドエンジニアになりたい
・【11/28】Adobe MAX Japan 2017に出演いたします
・【11/8】Cybozu Days 2017 『kintone hack』に出演いたします
・cybozu developer networkに、『WordPress連携2 kintoneのデータをWordF
・『よくわかるPHPの教科書』が増刷されました
```

使うファンクション

file_get_contents, json_decode, foreach, print

プログラム

sample16.php

```
01  <?php
02  $file = file_get_contents('https://h2o-space.com/feed/json');
03  $json = json_decode($file);
04
05  foreach ($json->items as $item) :
06  ?>
07  ・<a href="<?php print($item->url); ?>"><?php print($item->title); ?></a>
08  <?php
09  endforeach;
10  ?>
```

085

このプログラムのポイント

JSONというのはデータ形式の1つで、次のようなデータになります。

```
01  {
02    "version": "https://jsonfeed.org/version/1",
03    "user_comment": "This feed allows you to read the posts from this site in
      any feed reader that supports the JSON Feed format. To add this feed to your
      reader, copy the following URL -- https://h2o-space.com/feed/json -- and add
      it your reader.",
04    "home_page_url": "https://h2o-space.com",
05    "feed_url": "https://h2o-space.com/feed/json",
06    "title": "H2O space",
07    "description": "ちゃんとWeb",
08    "items": [
        {
09        "id": "https://h2o-space.com/2018/02/1539/",
10        "url": "https://h2o-space.com/2018/02/1539/",
11        "title": "【3/25】Adobe Creative CloudRの最新web制作実践講座に出演いたします",
12        "content_html": "",
13        "date_published": "2018-02-08T23:45:05+00:00",
14        "date_modified": "2018-02-08T23:45:05+00:00",
15        "author": {
16          "name": "TANIGUCHIMakoto"
17        }
18      },
19      {
20        "id": "https://h2o-space.com/2018/02/1537/",
21        "url": "https://h2o-space.com/2018/02/1537/",
22        "title": "【2/25】ウェブかける × Dreamweaver (XDもあるよ！)に出演いたします",
23        "content_html": "",
24        "date_published": "2018-02-08T23:43:17+00:00",
25        "date_modified": "2018-02-08T23:43:17+00:00",
26        "author": {
27          "name": "TANIGUCHIMakoto"
28        }
29      },
30      ...
```

Chapter 3-15で扱ったXMLに似た形式ではありますが、タグを使う代わりに{ }のかっこで囲ったり、:（コロン）などで区切って各要素を表わします。XMLに比べると、ファイル容量が小さくなり、スッキリと記述することができるのが特徴です。

JSONは JavaScript Object Notationの略称で、その名の通りJavaScriptで使われるデータ形式として利用されてきました。しかし、PHPでもJSONが簡単に扱えるように「json_encode」と「json_decode」というファンクションが準備されていて、これを使えばPHPの連想配列に簡単に変換することができます。

ここでは、筆者のWebサイトが配信している、ニュースの更新情報を使ってみましょう。まずは、テキストファイルと同じように「file_get_content」ファンクション(Chapter 3-14参照)で読み込みます。

```
$file = file_get_contents('https://h2o-space.com/feed/json');
```

ここで受け取った「$file」という変数には、JSONのデータが代入されるので、これを「json_decode」ファンクションで配列に変換します。なお、「デコード(Decode)」というのは「コードをほぐす」といった意味があります。逆に「コード化する」というのが「エンコード(Encode)」です。

```
$json = json_decode($file);
```

配列になったJSONは、XMLのときと同様に次のようにして各要素にアクセスすることができます。ただし、XMLと違って「channel」という親要素はないため、次のようになります。

```
$json->items[0]->title
```

後は、これを「foreach」構文(Chapte 3-9参照)で処理していけば、画面に表示することができます。

```
01  foreach ($json->items as $item) :
02  ?>
03  ・<a href="<?php print($item->url); ?>"><?php print($item->title); ?></a>
04  <?php
05  endforeach;
06  ?>
```

近年は、XMLよりもJSONで情報が提供されていることが多いので、ぜひ使いこなせるようにしておきましょう。

COLUMN

JSONファイルを作成する

JSONファイルは作るのも非常に簡単です。JSONファイルにしたい情報を配列として作ります。

```
$json_sample = [
    'title' => 'JSONサンプル',
    'items' => [
        'item01' => '1つめ',
        'item02' => '2つめ'
    ]
];
```

後は、「json_encode」ファンクションにかけて、これを「file_put_contents」などでファイルに書き出せば完成です。

```
$file = json_encode($json_sample, JSON_UNESCAPED_UNICODE);
file_put_contents('./json_sample.json', $file);
```

json_encodeの2つめのパラメーターは、「ユニコードにエスケープしない」という「定義済み定数」と呼ばれるオプションです（詳しくはP.096）。これを省略すると、JSONファイル内の日本語部分に対し、次のように「ユニコード変換」というものが行われてしまいます。

```
JSON\u30b5\u30f3\u30d7\u30eb
```

基本的には付加しておくと良いでしょう。

COLUMN

HTMLの基本を知っておこう

PHPはほとんどの場合、Webページを生成するために、Webサーバー上で利用されます。この時、Webブラウザに画面を表示するのに利用されるのがHTMLとCSSです。本書でもこの先、HTML/CSSをいくつか使いながら、画面を作り上げていきます。

そこでここでは、HTMLとCSSの基本的な内容を紹介しましょう。すでにHTML/CSSをご存じの方は読み飛ばしていただいて構いません。

簡単に言うと、Webブラウザ上に表示する内容を指定するのがHTMLで、その見た目（装飾）を決めるのがCSSです。まずは、以下を見てみてください。

```
<h1>よくわかるPHPの教科書</h1>
```

この「<」と「>」で囲まれた記号のようなものは、「HTMLタグ（または略してタグ）」といい、Webブラウザーはこのタグを画面には表示しない代わりに、このタグを「解釈」して、その指示に従おうとします。HTMLタグは、次のような構造でできています。

```
<タグ名>...</ タグ名>
 開始タグ     終了タグ
```

タグ名には、アルファベットの1文字から数文字程度の文字が入り、タグ名によって指示の意味が変わります。たとえば、ここで指定した「h1」というタグ名は、「見出し1」という意味（hは、headingの略称）。そのページで1つ目に大きい見出しとして指定しています。HTMLには、このようなタグが数十種類あり、これらを組み合わせてWebページ全体を作り上げていきます。

また、こうして開始タグと終了タグで文章などを挟むことを「マークアップ（Markup）する」といい、マークアップされた部分のことを、タグも含めて「要素」と呼びます。

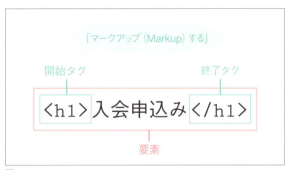

図3-15-1

なお、この後登場するinput要素など、開始タグと終了タグで挟む内容がない要素もあります（空要素と言います）。

要素には、「属性」というものを追加して、追加の情報を与えることができます。属性は以下のように指定します。

```
<タグ名 属性名1=" 属性値1" 属性名2=" 属性値2"...>
```

属性は、どの要素に対しても追加できるものもあれば、特定の要素にのみ追加できるものもあります。また、属性で追加できる情報にはさまざまなものがあります。例を2つほど見てみましょう。

【例1】

```
<h1 class="font-weight-normal">よくわかるPHPの教科書</h1>
```

h1要素に、class属性というものを追加しています。class属性は、その要素を見分けるための「しるし」として使われます。HTMLだけでは特に見た目に変化はありませんが、このclass属性に対してCSSを指定して、スタイルを付けるといった使い方をします。class属性はすべての要素に対して指定できます。
なお、class属性と同じような使い方をする属性としてid属性があります。class属性は、1ページの中で何度も同じ値を指定できるのに対し、id属性は1ページに1度だけ、同じ値を指定できるといった違いがあります。

【例2】

```
<input type="text">
```

input要素は、入力フォームのパーツを指定する要素です。type属性で、その入力フォームの形状や入力される内容を指定します。「text」とすると、テキストを入力するフィールドパーツが表示されます。

図3-15-2 （`<input type="text">`）の例。
「お名前：」の右側のテキストフィールドが表示される

以下に、本書で登場しているものを中心に、主なHTML要素と属性を紹介します。

要素	説明
doctype	HTMLのバージョンを示す。「`<!doctype html>`」はHTML5を示す
html	HTML文書であることを示す
head	ページには表示されない、HTML文書についての情報などを指定する
meta	head要素内で定義などを記述する
link	スタイルシートなど外部ファイルを読み込む
title	Webページのタイトルを指定する
body	Webブラウザに表示される内容を示す

header	そのページのヘッダー部分であることを示す
main	そのページのメイン部分であることを示す
footer	そのページのフッター部分であることを示す
section	そのページの中で一区切りの領域であることを示す
article	そのページの中で、記事などの、それだけで完結している内容であることを示す
aside	そのページの中で、補足的な内容であることを示す
pre	半角スペースや改行などの入力された内容をそのまま表示する
h1	見出し1（ページで一番高いレベルの見出し）を指定する
h2	見出し2（ページで2番目に高いレベルの見出し）を指定する。見出しのレベルは見出し6（h6）まである
p	段落を指定する
a	リンクを設置する。href属性でリンク先を指定する
br	改行を表す
hr	区切りを入れる
div	特に意味を持たない。何かしらの目的で文章などをグルーピングしたい時に使う
span	div要素と同じく、特に意味を持たない要素。div要素で囲った内容が段落になるのに対して、span要素は行内として扱われる
img	画像を挿入する。src属性で画像ファイルの場所、alt属性で画像の代替テキストを指定する
dl	dt要素とdd要素の組み合わせを含むリストを指定する
dt	dl要素の中で、「用語」を指定する
dd	dl要素の中で、「説明」や「定義」などを指定する
form	入力フォームを作る要素。フォームで入力されたデータはWebサーバなどの指定先に送信される。action属性で送信先を指定し、method属性でデータ送信方法を指定する
input	入力フォームのパーツを指定する要素。type属性で入力フォームの形状や入力される内容を指定する。type属性の値と意味は次の通り。 text：テキストフィールド、submit：送信ボタン、checkbox：チェックボックス（複数を同時に選択できるボタン）、radio：ラジオボタン（1つだけ選択できるボタン）、file：ファイルの選択ボタン、hidden：非表示のパーツ
label	フォームパーツに「ラベル」を設定する要素。for属性に、フォームパーツのid属性を指定すると、パーツと関連付けられる
select	ドロップダウンリストを指定する
option	select要素の中で、選択肢を指定する
ol	番号付きのリストを作る。olは「Ordered List」の略称。項目として内側にli要素を並べる
ul	順番を問わないリストを作る。ulは「Unordered List」の略称。項目として内側にli要素を並べる
li	リストの項目を作る。liは「List Item」の略称
script	JavaScriptなどのスクリプトを埋め込む

chapter 3-16

Chapter 3-17

フォームに入力した内容を取得する

Webページで、ユーザーが利用する機会が多いのがフォームです。PHPでフォームに入力された内容を処理することができると、プログラムでできることが一気に膨らみます。

完成時の出力とプログラム

```
フォームに入力した内容を取得する

お名前：　[          ]　[送信する]
```

```
フォームに入力した内容を取得する

　お名前：たにぐち　まこと
```

使うファンクション
```
print
$_REQUEST または $_GET
htmlspecialchars
```

プログラム

sample17/index.html

```
01  <form action="submit.php" method="get">
02    <label for="my_name">お名前：</label>
03    <input type="text" id="my_name" name="my_name" maxlength="255" value="">
04    <input type="submit" value="送信する">
05  </form>
```

sample17/submit.php

```
01  お名前：<?php print(htmlspecialchars($_REQUEST['my_name'], ENT_QUOTES)); ?>
```

> **TIPS**
> ここからのプログラムには、HTMLの知識が必要になります。分からない部分がある場合は、先にP.089などでHTMLを学習してから進めていくと良いでしょう。

このプログラムのポイント

フォームに記入した内容は、form要素の「action」属性で指定されたファイルに送信されます。この時、送信先がPHPである場合には、その内容が一時的に保存され、自由に使うことができます。
PHPでは「グローバル変数」という変数を自動的に作り出し、そこにフォームで記入された内容を代入しています。例えば、「my_name」というname属性のテキストフィールドから送られてくる値は次のような変数名で得られます。

```
01  $_REQUEST['my_name']
```

または、

```
01  $_GET['my_name']
```

非常にややこしいですが、実際にはルールに則ってつけられているため、すぐに覚えることができます。後で詳しく解説しますが、ひとまずここではこの変数名で、フォームに入力した内容を取り出すことができることを理解しておきましょう。この変数の内容を画面に出力するには、次のように記述します。

```
01  <?php
02  print($_REQUEST['my_name']);
03  ?>
```

または、

```
01  <?php
02  print($_GET['my_name']);
03  ?>
```

これで基本的な動作はできるようになりました。しかし、このままでは正常に動作しなくなるケースがあります。フォームに次のような文字列を記入してみてください。

```
たにぐち <abc> まこと
```

図3-17-1のように、「<abc>」という記述が見えなくなります。
HTMLでは、「<」や「>」の記号に挟まれた記号は、HTMLタグと誤認識し、画面には表示されなくなります。これでは、困るばかりかハッキング行為につながる恐れもある非常に危険な状態です(詳しくは後述)。

図3-17-1

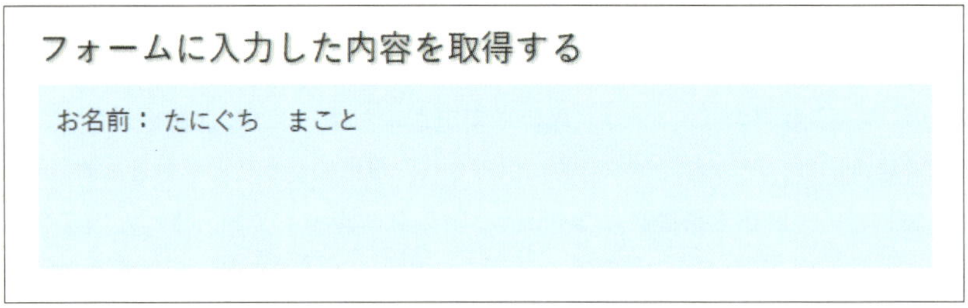

```
フォームに入力した内容を取得する

  お名前： たにぐち　まこと
```

そこで、入力されたHTMLタグの効果を打ち消す「htmlspecialchars」ファンクションを使って、次のように記述します。

```
01  print(htmlspecialchars($_REQUEST['my_name'], ENT_QUOTES));
```

または、

```
01  print(htmlspecialchars($_GET['my_name'], ENT_QUOTES));
```

2つ目のパラメータに指定している「ENT_QUOTES」は、「'（シングルクオーテーション）」も安全に受信するという意味のパラメータで、安全性がより高まります。特に意識せずに必ず指定すると思っていただいて構いません。
これで、先程の例も正しく表示されるようになります。

$_GET、$_POSTと$_REQUEST

本文では$_REQUESTという変数と、$_GETという変数の両方を利用しました。
両者の違いはなんでしょうか？　それを知るには、まずフォームの送信方法を知る必要があります。

form要素には「method」属性を付加することができ、「get」または「post」のいずれかを指定します(標準はget)。
getを使うと、フォームは送信するときに「URLパラメーター」という、URLの後ろに送信する内容をつないだ形で値を受け渡します。

```
http://.../submit.php?キー1=値1&キー2=値2...
```

例えば、Yahoo! JAPANなどの検索サイトで検索をしたとき、検索結果のURLが次のようになっていますが、これはgetが使われている例です。

```
http://search.yahoo.co.jp/search?p=php
```

getを使用している場合、結果のページをそのままブックマークに保存したり、URLをメールに貼り付けて友達と共有できたりするため非常に便利ですが、反面あまり大きなデータ量を送信できない、送信するデータがパスワードなどの場合は、それが丸見えになってしまうなどの欠点があります。

そこで、会員登録フォームやお問い合わせフォームなどでは「post」を使います。postは、値を裏側で送信しURLなどには一切送信内容が表示されなくなります。このように、form要素のmethod属性を使い分けるわけです。

「$_GET...」という記述はそのまま、getで送信された値を扱います。では、次のようにpostを使用している場合の変数はどうなるでしょう？

```
01  <form action="submit.php" method="post">
02  ...
```

この場合は次のように、「$_POST」を使います。

```
01  print(htmlspecialchars($_POST['my_name'], ENT_QUOTES));
```

このように、フォームの属性に応じて変数を使い分けるのです。それでは、本文で使った「$_REQUEST...」という記述はなんでしょうか？ これは、get、postに関わらず利用できるオールマイティな変数なのです。とすると、この便利な「$_REQUEST...」という記述を使えば、「$_GET」や「$_POST」は不要に思えます。しかし、便利な反面、危険性が増してしまいます。

$_GET...の代わりに$_REQUEST...を使うのは、大きな問題にはなりませんが、$_POST...の代わりに使ってしまうと、フォームから送信される内容が、URL欄をいじることで上書きできてしまうなど、簡単にいたずらができるようになってしまいます。そのため、特別な理由がない場合には、きちんと使い分けていく方が良いでしょう。

htmlspecialcharsとは

ユーザーが入力した情報を扱うときは、細心の注意が必要です。ユーザーは、私たちが予想もしていないような行動をしたり、悪意を持ったユーザーが、プログラムを壊したり、他のユーザーに迷惑をかけるような行為を行うことがあります。

例えば、本文のプログラムの場合、セキュリティ対策をせずにプログラムを作ると、次のようになります。

```
01  print($_REQUEST['my_name']);
```

このプログラムに、テキストフィールドから次のような文章を送信します。

```
<script>for(var i=0; i<10; i++) { alert('いたずらです'); }</script>
```

chapter 3-17

095

すると、次の画面では、Webブラウザーによっては右のようなポップアップウィンドウが表示されます。閉じても再び表示され、さらに閉じても表示され続けてしまいます。結局10回繰り返すと終了しますが、例えばこれを次のようにすると、終了しないいたずらになってしまいます（試さない方がよいでしょう）。

図3-17-2

```
<script>while(1) { alert('いたずらです'); }</script>
```

このようないたずら程度であれば、まだ良いのですが、実際には複雑ないたずらコードを記述して、他人の個人情報を盗み出したり、プログラムの機密情報を盗み出すようなコードすら作ることができてしまいます。
そこで「htmlspecialchars」ファンクションを使います。このファンクションを使った場合は、先のようないたずらコードを送信しても、画面に次のような表示が出るだけで、何ら動作には影響しません。

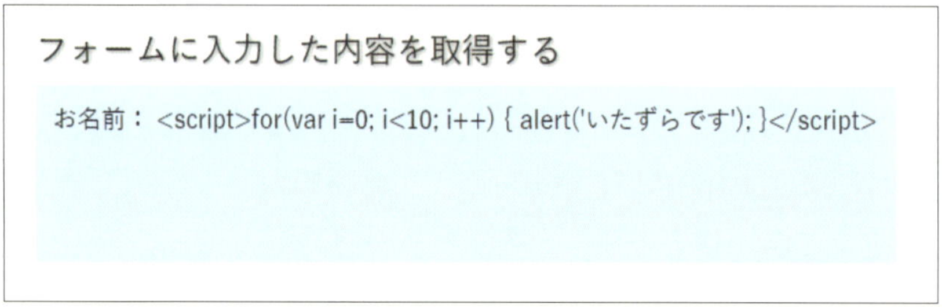

図3-17-3

「htmlspecialchars」ファンクションは、HTMLタグの効果を打ち消して、いたずらコードを送り込まれないようにしているのです。
ユーザーが入力した内容を画面に表示するときは、必ずこのファンクションを使って無害化してから利用しましょう。

定義済みの定数とは

htmlspecialcharsファンクションの、2つ目のパラメータは「ENT_QUOTES」という文字列に見えますが、その前後にクオーテーション記号がありません。これはなぜでしょう？ 実はこれは、文字列ではありません。htmlspecialcharsのマニュアルを見てみましょう。

http://php.net/manual/ja/function.htmlspecialchars.php

2つ目のパラメータには「int $flags = ENT_COMPAT | ENT_HTML401」と記述されています。先頭に「int」と書かれており、これは、「integer＝整数」で指定するという意味です。それに対して1つ目のパラメータが「string＝文字列」と書かれているため、違いが分かります。

096　Chapter 3　PHPの基本を学ぼう

つまり、このファンクションの2つ目のパラメータは数字で指定するのです。そして、本文のプログラムでは「3」という数字を指定しています。つまり、本文のプログラムは「ENT_QUOTES」と指定する代わりに、次のように記述しても同じ意味になります。

```
01  print(htmlspecialchars($_POST['my_name'], 3));
```

しかし、3では意味が分かりにくいため、これを「定義済みの定数」という特別な値で置き換えます。まとめると、「ENT_QUOTES（つまり3というパラメータ）」は、「シングルクオーテーションを変換の対象とする」という意味のパラメータで、htmlspecialcharsファンクションの安全性をより高めるためのパラメータです。必ず指定するようにしましょう。

しかし、これらの「定義済みの定数」を覚える必要は全くありませんし、この説明の内容が理解できなくても、まだ問題はありません。ここでは、ひとまず「ENT_QUOTES」の前後にクオーテーションがないことを、不思議に思わないようにしましょう。

練習問題

次のフォームに記入された内容を、画面に表示してみよう。答えはP.132。

```
01  <form action="practice17.php" method="get">
02  <dl>
03  <dt><label for="my_name">お名前：</label></dt>
04  <dd>
05  <input id="my_name" type="text" name="my_name" size="35" maxlength="255"
        value="" />
06  </dd>
07  <dt><label for="message">メッセージ：</label></dt>
08  <dd>
09  <input id="message" type="text" name="message" size="35" maxlength="255"
        value="" />
10  </dd>
11  </dl>
12  <input type="submit" value="送信する" />
13  </form>
```

COLUMN

プログラムをいたずらから守る「magic_quotes_gpc」

この項目を試すと、シングルクオーテーションの前に「バックスラッシュ」記号、または¥マークが表示される場合があります。
これは、PHPの設定で`magic_quotes_gpc`という項目が有効になっているためです。これは、クオーテーション記号を自動的に無害化するという機能で、PHPの安全性を高めるためのもの。
WebサーバーやレンタルサーバーによってDesktop設定は異なり、自分で設定を変えることもできます。

COLUMN

Notice: という警告が表示されたら

MAMPやXAMPPのバージョンによっては、このプログラムで何も名前を入力せずに送信したとき、「Notice:」から始まるエラーメッセージが表示されることがあります。
実際のプログラムを作るときには、この警告が表示されないように作るのが良いですが、プログラムが非常に複雑になってしまうため、学習環境では一時的に非表示にしてしまった方が良いでしょう。次の手順で行います。

- **XAMPPの場合**
  XAMPP Control Panelを開いて、Apacheの「Config」ボタンをクリックし、「PHP (php.ini)」を選びます。

- **MAMPの場合**
  次のファイルを、エディタで開きます。「PHP7.x.x」のところは、最も番号が大きいフォルダを開きます。
  アプリケーション→MAMP→conf→PHP7.x.x→php.ini

- **MAMP、XAMPP共通**
  ファイルを開いたら、次の箇所を見つけます。

  ```
  01  error_reporting = ...
  ```

  これを、次のように書き換えます。こうして、XAMPP (Apache) やMAMPを再起動すれば警告は表示されなくなります。

  ```
  01  error_reporting = E_ALL & ~E_NOTICE
  ```

Chapter 3-18

チェックボックス、ラジオボタン、リストボックス（ドロップダウンリスト）の値を取得する

ラジオボタンとドロップダウンリストの場合、値を取得する方法はテキストフィールドなどと同様なものの、少しだけ癖があるので注意が必要です。

完成時の出力とプログラム

ラジオボタンの値を取得する

性別：◉ 男性 ／ ○ 女性

送信する

ラジオボタンの値を取得する

性別：male

使うファンクション

print、$_POST
htmlspecialchars

プログラム

sample18/index.html

```
01  <form action="submit.php" method="post">
02    <p>性別：<input type="radio" name="gender" value="male"> 男性 ／ <input type="radio" name="gender" value="female"> 女性</p>
03    <input type="submit" value="送信する">
04  </form>
```

sample18/submit.php

```
01  性別： <?php print(htmlspecialchars($_POST['gender'], ENT_QUOTES)); ?>
```

このプログラムのポイント

ラジオボタンや、チェックボックス、ドロップダウンリストなど、フォームにあるそれぞれのパーツの扱い方は、一部を除いてテキストフィールドと同様で、$_GETや$_POSTにフォームパーツ（input要素）のname属性に指定した内容を指定すれば取り出せます。

ただし、このプログラムを見ると分かる通り、ラジオボタンの場合、「男性」を選択したのに、フォームを送信したあとの画面では「male」と表示されています。これは、フォームに送信されるのは、チェックボックスのラベルの文字ではなく、「value」属性であるからです。

テキストフィールドの場合、画面での見た目と「value」属性は必ず一致するため、非常に分かりやすいのですが、ラジオボタンなどは見た目とvalue属性は必ずしも一致しません。もし、一致させたい場合には次のようにvalue属性に同じ値を指定する必要があります。

```
01 <input id="gender_male" type="radio" name="gender" value="男性" /><label for="gender_male">男性</label>
```

また、表示するときはChapter 3-17と同様に「htmlspecialchars」ファンクションを使って無害化しています。

COLUMN

ラジオボタンなどの値にもhtmlspecialcharsが必要な理由

チェックボックスやラジオボタンの場合、ユーザーがvalue属性を編集することができないため、一見するとhtmlspecialcharsファンクションで、安全な状態にする必要はないように思えます。しかし、実際には少しでもインターネットの知識があれば、簡単に改変することができてしまいますし、いたずらツールなども無料で配布されているため、全く信用することができません。

そのため、チェックボックスなどの値であっても、やはり必ずhtmlspecialcharsで安全な状態にする必要があるので注意しましょう。

Chapter 3-19

複数選択可能なチェックボックス、リストボックスの値を取得する

チェックボックスと、リストボックスは複数の選択肢を選ぶことができます。このような内容を受信するためには、HTMLやプログラムに工夫が必要になります。

完成時の出力とプログラム

使うファンクション

```
print
$_POST（または$_REQUEST）
htmlspecialchars
```

プログラム

sample19/index.html

```html
01  <form action="submit.php" method="post">
02    <p>ご予約希望日（複数選択可）</p>
03    <p>
04      <input type="checkbox" name="reserve[]" value="1/1"> 1月 1日<br>
05      <input type="checkbox" name="reserve[]" value="1/2"> 1月 2日<br>
06      <input type="checkbox" name="reserve[]" value="1/3"> 1月 3日<br>
07    </p>
08    <input type="submit" value="送信する">
09  </form>
```

sample19/submit.php

```php
01  ご予約日：
02  <?php
03  foreach ($_POST['reserve'] as $reserve) {    ①
04    print(htmlspecialchars($reserve, ENT_QUOTES) . ' ');
05  }
06  ?>
```

このプログラムのポイント

チェックボックスや、「multiple」属性を付加したリストの場合、同じ項目を複数選ぶことができます。アンケートなどで、よく利用されるコントロールです。

これを、PHPで扱うには、少し工夫が必要になります。まず、HTMLを作るときにも注意が必要です。チェックボックスで複数選択可能なものを作りたい場合は、「name」属性の値に必ず「[ ]」という記号を付加しなければなりません。こうすることで、PHPにはチェックボックスの値が「配列」として渡されます（配列についてはChapter 3-8を参照）。配列には、順番に内容が格納されていきます。例えば、この例で「1月1日」と「1月3日」を選んだ場合は、次のようになります。

```
$_REQUEST['reserve'][0]  →  1/1
$_REQUEST['reserve'][1]  →  1/3
```

チェックボックスやラジオボタンは、「value属性」の値が格納されることに気をつけてください。また、フォームに記入された内容は、もともと配列に格納されるため、ここでは配列のさらに配列という非常に複雑な変数に格納されます。ですので['reserve'][0]のように、2つの[ ]をつなげて指定します。このような配列を「二次元配列」と呼びます。

この配列の内容を画面に表示するには、「foreach」構文を使って、■のように記述するか、または次のような繰り返し構文を使います。

```
01  for ($i=0; $i<count($_REQUEST['reserve']); $i++) {
02      print(htmlspecialchars($_REQUEST['reserve'][$i], ENT_QUOTES) . '<br />');
03  }
04
```

ここでは、foreachを使ったほうがプログラムが短くて済むので、より適切と言えるでしょう。

Chapter 3-20

半角数字に直して、数字であるかをチェックする

年齢や郵便番号、注文商品の個数など、数字だけを入力して欲しい場合には、それをチェックしてエラーとします。この時、利用者によっては日本語入力の状態で数字を入力してしまい、全角数字になってしまうことがあるため、これをあらかじめ補正しておきましょう。

完成時の出力とプログラム

半角数字に直して、数字であるかをチェックする

※ 年齢が数字ではありません

使うファンクション

if、is_numeric
mb_convert_kana

プログラム
sample20.php

```
01  <?php
02  $age = 'あいうえお';
03
04  $age = mb_convert_kana($age, 'n', 'UTF-8');  …1
05  if (is_numeric($age)) {
06    print($age . '歳');
07  } else {
08    print('※ 年齢が数字ではありません');
09  }
10  ?>
```

このプログラムのポイント

ある変数が、数字かどうかを判定するには「is_numeric」という便利なファンクションがあります。このファンクションに調べたい変数を指定して、ブール値(trueまたはfalse)で得ることができます。そこで、まずは次のようなif構文ができあがります。

```
01  if (is_numeric($age) ) {
02  ...
```

これで基本的な検査は可能です。しかし、日本語環境の場合、変換ソフトが起動した状態で「1」を入力すると、全角の「1」となってしまう場合があります。これは見た目には数字ですが、`is_numeric`ファンクションには数字とはみなされず、エラーになってしまいます。

そこで便利なのが「`mb_convert_kana`」ファンクションです。これは、全角文字を半角文字に変換したり、逆の操作をしたりすることができます(**1**)。

2番目のパラメータの「n」がポイントで、これが「全角数字を半角数字に変換する」という意味があります。その他にも英数字を変換できたりカタカナを変換できたりなど、非常に便利なファンクションです。パラメータのリストをマニュアルで確認しておくとよいでしょう。

http://jp.php.net/manual/ja/function.mb-convert-kana.php

これで、全角数字も半角数字に変換してから検査するため、正しく処理が行われるようになります。親切な入力フォーム制作には欠かせないテクニックといえるでしょう。

COLUMN

よく分からないファンクションに出くわしたら

PHPのマニュアルなどを見ていると、どういう機能なのか、なにに使うのかが分からないファンクションに出会うことがあります。そのような場合、無理に理解をしようとしても、使いどころが分からないと実感がわかないことも多々あります。

例えば「配列のファンクション」だけでも、数えきれないほどの種類があります。これらのすべての機能を覚えて、使いこなせるようになるというのは難しいでしょう。実際、プロのプログラマが作るプログラムでも、すべてのファンクションを使うことなどはまずありません。

私たちが日常会話をしていても、国語辞典に掲載されているすべての言葉を使っていないのと同様で、PHPのプログラムを作る上でもすべてのファンクションなど必要ないのです。軽く眺めて「こんなこともできるんだ」程度に理解ができたら、あとは忘れてしまって、必要になったときに改めて確認すればよいでしょう。

Chapter 3-21

郵便番号を正規表現を使ってチェックする

郵便番号は、日本国内においては3桁の数字と4桁の数字をハイフン記号でつないだ形式と決まっています。しかし、このチェックはなかなか難しく、複雑なプログラムが必要になります。そこで、このような書式チェックを簡単に行うのが「正規表現」と呼ばれる方法です。

完成時の出力とプログラム

郵便番号を正規表現を使ってチェックする

※ 郵便番号を 123-4567の形式でご記入下さい

使うファンクション

if、mb_convert_kana、preg_match

プログラム
sample21.php

```php
01  <?php
02  $zip = '987-6543';
03
04  $zip = mb_convert_kana($zip, 'a', 'UTF-8');
05
06  if (preg_match("/\A\d{3}[-]\d{4}\z/", $zip)) {  …1
07    print('郵便番号: 〒' . $zip);
08  } else {
09    print('※ 郵便番号を 123-4567の形式でご記入下さい');
10  }
```

このプログラムのポイント

正規表現は、ある文が想定した書式になっているかを厳密に検査するためのもので、PHPの機能ではなく、さまざまなプログラム言語やエディタソフトなどで利用することができます。特殊な記号の集まりでできていて、ここでは郵便番号を検査するために、次のような正規表現を用いました。

```
/\A\d{3}[-]\d{4}\z/
```

105

まず、先頭と最後にある「/（スラッシュ）」は正規表現の始まりと終わりを示すための記号で、必ず付加します。次の「\A」とそれに続く「\d」は、まず「\d」が「数字」であることを示し（Decimalのd）、それが「先頭にある」ということを「\A」が表してします。
そのため、例えば

```
/\A\d/
```

という正規表現なら、「1」や「2」は正しいですが「a」や「z」は正しくないことになります。
続いて「{3}」というのは「3回続く」という意味で、その直前の「\d（数字）」が3回続くという意味になります。次の[-]は、記号の「-」であることを示します。
次の「\d{4}」は、今の解説に従えば簡単で、「数字が4回続く」という意味になります。
そして、最後の「\z」は「最後」という意味です。つまり、「\A」と「\z」に挟まれていれば、その前後に余計な文字が付加されていないことを検査することができます。ということで、この正規表現は全体で、次のような意味になります。

```
数字が3つ続いた後、-（ハイフン）でつなげて数字が4つ続く文で、
その前後には余計な文がない
```

これが、正規表現です。ということで、このプログラムでは「123-4567」という文は通過しますが、「abc-defg」や「1234-567」などの文は、はじかれてしまいます。さて、こうして作った正規表現の構文はPHPでは「preg_match」ファンクションで使うことができます（■）。
その前に、Chapter 3-20と同様に入力した内容が全角だった場合も「mb_convert_kana」ファンクションで、半角英数字に変換しておきます。今回の場合は、「-（ハイフン）」が含まれているため、2番目のパラメータを「n（数字）」ではなくて「a（英数）」にしておく必要があります。こうして、郵便番号をチェックすることができました。同様の方法で、例えば「クレジットカード番号」や、書籍などに振られている「ISBNコード」など、様々なものをチェックすることができます。

正規表現は、慣れないうちはその構文を組み立てるのが非常に大変です。検索サイトなどで「郵便番号 正規表現」などと検索をすると、様々な例文が見つかりますので、これらで勉強をしてみるとよいでしょう。

入力欄を分けるという方法

郵便番号のチェックプログラムは、ユーザーに住所を入力してもらうような場面で活躍します。しかし、フォームの作りを工夫すればもっと簡単にチェックをすることができます。例えば右図のように、テキストフィールドを2つに分ければ数字であるかをチェックするだけ良くなります。しかし、これは利用者の負担を増やしてしまうことになりかねません。

図3-21-1

ユーザーによっては、1つの入力欄を入力し終わるとマウスで次の入力欄をクリックして入力する場合があります。この場合、キーボードとマウスを行き来する回数が増えてしまいます。また、最近のWebブラウザにはフォームの内容を自動入力する機能や、過去の入力情報から履歴を表示する機能などもあります。日本語変換ソフトにも簡単に郵便番号を導き出せる機能や、逆に郵便番号から住所を一気に変換できる機能などもあります。これらの便利な機能が、テキストフィールドが分かれているために使えなくなってしまったりするのです。

入力チェックが楽になるというのは、開発者の都合です。それを利用者に押し付けてしまうのはあまり良いとは言えないでしょう。正規表現などのテクニックなどをしっかりマスターして、ユーザーに楽に使ってもらえるプログラムを目指しましょう。

COLUMN

電話番号・メールアドレスの検査

正規表現は、本文の郵便番号のように「3桁と4桁の数字がハイフンで区切られている」など、かなり明確なルールがある書式については検査することができますが、ルールが曖昧になってしまうと検査は非常に難しくなります。例えば、電話番号やメールアドレスなどは難しい例です。

まず、電話番号は「03-1234-5678」などが一般的ですが、市外局番が2桁、3桁の場合などがあり、また携帯電話やIP電話などの特殊な電話や国際電話、フリーダイアルなども考慮すると、さまざまな書式が出てきてしまいます。

メールアドレスについては、さらに非常に複雑です。メールアドレスの書式は「RFC」と呼ばれる文書によって定義がされています。しかし、かなり柔軟な作りになっているため、正規表現はかなり複雑になる上、日本の場合docomoなどの携帯電話が、サービス開始当時にこのRFCに沿っていないメールアドレスを利用できるようにしていました。そのため、ほとんど「無法地帯」のような書式になってしまっており、正規表現で正確に確認をするのはほぼ不可能な状態になってしまいました。

これらは正規表現でチェックするよりも、簡単なチェックを施して、実際のチェックは目視での確認や実際にメールを送信して確認するしか方法はありません。

Chapter 3-22

別のページにジャンプする

Webサイトを閉鎖する場合や引っ越す場合などで、別のURLにジャンプさせたいことはよくあります。HTMLのmeta要素や、JavaScriptなどでも可能ですが、PHPで行うこともできます。

完成時の出力とプログラム

使うファンクション

header、exit

プログラム
sample22.php

```
01  <?php
02  header('Location: https://h2o-space.com/');
03  exit();
04  ?>
```

このプログラムのポイント

別のページやサイトに移動させたいときは、headerファンクションを使います。headerファンクションは、ジャンプをさせるためのファンクションというわけではなく、Webページの「ヘッダ情報」を出力するためのファンクションです。そのため、パラメータ次第で次のようなさまざまな動きをさせることができます。

・エラーとしてWebブラウザに認識させる
・ファイルをダウンロードさせる
・Webブラウザのキャッシュ機能を無効にする

それぞれの使い方などは、マニュアルをご覧ください。

http://www.php.net/manual/ja/function.header.php

ページの移動の場合は、`header`ファンクションに次のようなパラメータを付加します。

書式 ページの移動する場合のheaderファンクションの書き方
```
header('Location: 【移動先のURL】');
```

移動先のURLには、「https://」から始まる他のサイトのURLや「../」などから始まる相対パス、「/」から始まる「ルート相対パス」などが利用できます。こうして、別のページに移動させることができます。なお、ページを移動するときは、それ以降のプログラムが実行されないように「exit()」ファンクションを合わせて記述しておきます。exit()ファンクションは、「プログラムを停止させる」というプログラムで、それ以降のプログラムが実行されるのを防ぎます。セットで利用すると覚えてしまうと良いでしょう。

headerファンクション利用時に発生しがちなエラー

`header`ファンクションを使っていると、まれに次のようなエラーメッセージに遭遇することがあります。

```
Cannot modify header information - headers already sent by ...
```

これは、「ヘッダが既に送信されてしまったので、ヘッダを変えることができなかった」といった意味です。このエラーは次のように記述されている場合などに起きます。

```
01  <p>H2O Space．のサイトに移動します</p>
02  <?php
03  header('Location: https://h2o-space.com');
04  ?>
```

Webページは、内容を送信する直前にヘッダ情報を送信します。そのため、内容が送信されたあとでヘッダを送信しようとしても、もう遅いという状態になってしまうのです。これは、HTML以外の「空白」「改行」などでも同じエラーが発生します。例えば、次のプログラムを見てください。

```
01   <?php
02  header('Location: https://h2o-space.com/');
03  ?>
```

一見すると問題がないように見えますが、よく見ると「<?php」の直前に半角空白が含まれています。これでも、エラーとなってしまいます。このエラーメッセージを見たら「header」ファンクションより前におかしなところがないかをしっかり確認しましょう。

109

Chapter 3-23

一行ごとにテーブルセルの色を変える
—— 剰余算

長いテーブルの場合、背景色を一行ごとに変えて見やすくするというデザインはよくあります。プログラムでこれを作るには「剰余算」を使うのが一番です。応用範囲の広いプログラムなので、マスターしましょう。

完成時の出力とプログラム

一行ごとにテーブルセルの色を変える - 剰余算

1行目
2行目
3行目
4行目
5行目
6行目
7行目
8行目
9行目
10行目

使うファンクション

```
print
for
if
%演算子
```

プログラム
sample23.php

```php
01  <table>
02  <?php
03  for ($i=1; $i<=10; $i++) {
04    if ($i % 2) {           …1
05      print('<tr style="background-color: #ccc">');
06    } else {
07      print('<tr>');
08    }
09    print('<td>' . $i . '行目</td>');
10    print('</tr>');
11  }
12  ?>
13  </table>
```

このプログラムのポイント

「剰余算」はChapter 3-2でも紹介した算術演算記号で、「割り算をしたときの余りを求める」という計算式です。例えば、「5%2」は5÷2が2余り1なので、1となります。計算式としてこの剰余算を使いたいことはあまりないのですが、繰り返し処理と組み合わせて使うと面白い効果を発揮します。「○回に1回」という処理が非常に簡単に行えるのです。

例えば、「2回に1回」という処理をしたいとき、カウントする変数を「$i」としたら、処理する条件を「$i%2」とします。すると、$iが0の場合は余り0、1の場合は余り1、2の場合は余り0で、3の場合に余り1と、余りが0と1を繰り返します。このように、ある数を割った余りはその数未満の数字を繰り返すという特性があるのです。そこで、この結果を次のようにif構文で使います。

```
01  if ($i % 2 == 1) {
02  ...
```

これで、「2回に1回」という判断を行うことができます。「== 1」という条件は省略することができるので、■のように記述するのがスマートです。

曜日を繰り返し出力する

剰余算を使ったプログラムは、応用次第でさまざまなことができるようになります。例えば、次のようなプログラムを試してみましょう。

```
01  <?php
02  $week = ['金', '土', '日', '月', '火', '水', '木'];  …■
03  for ($i=1; $i<=30; $i++) {
04      print($i . '日(' . $week[$i%7] . ')<br />');
05  }
06  ?>
```

このプログラムは右図のように、2018年9月のカレンダーを、曜日を含めて表示しています。曜日は、7種類が繰り返し現れます。これも剰余算をうまく使えば簡単に作ることができます。

2018年9月のカレンダー
1日(土)
2日(日)
3日(月)
4日(火)
5日(水)
6日(木)
7日(金)
8日(土)

図3-23-1

2018年9月は、1日が「土」から始まるので配列のインデックス1に「土」を置き（P.064で説明したように、インデックスは「0」から数えるので「1」は2つ目です）、あとは順序通りに配列を作ります（❷）。あとは30日まで日付を表示していくとき、同時に次のような配列の値を表示します。

```
$week[$i%7]
```

`$i%7`が剰余算で、7で割った余りなので0から6の値が繰り返されます。`$i`は、1から30まで上がっていくため、「1, 2, 3, 4, 5, 6, 0, 1, 2, 3...」といった具合に数字が繰り返されるのです。これを配列のインデックスに指定すれば、曜日が繰り返し表示されるというわけです。

COLUMN

ファイルパスとは

ファイルパスとは、ファイルの場所を示すための記述です。たとえば、Chapter 3-13では次のように指定していました。

```
01  $success = file_put_contents('./news_data/news.txt', '…（省略）…');
```

`file_put_contents`ファンクションの1つ目のパラメータがファイルパスです。
この場合、呼び出し元のファイル（この場合はPHPファイル）と同階層にある「news_data」フォルダの中の「news.txt」を呼び出すという意味になります。
「.」は同じ階層であることを示しています。「/」でつないでフォルダ名を書くと、「そのフォルダの下にある」という意味になります。
呼び出し先のファイルが、呼び出し元のファイルよりも上位のフォルダに格納されている場合は、「../」という記述を使います。
たとえば、図のような構成の場合は次のようになります。

```
01  $success = file_put_contents('../news_data/news.txt', '…（省略）…');
```

「../」は1つ階層が上という意味で、2つ階層が上の場合は「../../」と重ねて使います。こうして、ファイルの場所を指し示すことができます。

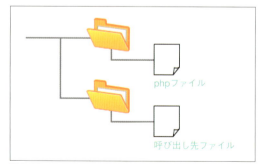

図3-23-2

Chapter 3-24

Cookieに値を保存する

ログイン画面などで、毎回入力させる情報を記憶させておいて、次回のアクセス時に自動的に入力された状態にするといった機能は、非常に便利です。これを実現するのが「Cookie（クッキー）」という仕組みです。PHPでも簡単に扱うことができるので、作ってみましょう。

完成時の出力とプログラム

Cookieに値を保存する

Cookieに値を保存しました。次のページに移動してみましょう。
» Page02へ

Cookieに値を保存する

変数の値：
Cookieの値：Cookieに保存した値です

使うファンクション

```
time
setcookie
$_COOKIE
isset
```

プログラム
sample24/index.php

```
01  <?php
02  $value = '変数に保存した値です';
03  setcookie('save_message', 'Cookieに保存した値です', time() + 60 * 60 * 24 *
04  14);   …1
05  ?>
06  …
```

sample24/page02.php

```
01  変数の値： <?php print($value); ?>
02
03  Cookieの値： <?php print($_COOKIE['save_message']); ?>   …2
```

113

このプログラムのポイント

これまで、情報の保存には「変数」を利用してきました。しかし、変数は保存期間に「Webページが表示されるまで」という、非常に短い制限があります。そのため、例えば「次のページに内容を表示したい」という場合や、「次回ログイン時まで保存しておきたい」といった内容には応えることができません。

そこで利用するのが「Cookie」と、次節で紹介する「セッション」です。CookieはWebサイト制作では一般的な知識ですが、PHPでCookieに情報を保存するには「setcookie」ファンクションを利用します。次のようなパラメータ構成になっています。

http://jp.php.net/manual/ja/function.setcookie.php

書式 setcookieファンクションの使い方

```
setcookie(クッキー名, 値, 保存期間, フォルダ, ドメイン, セキュア接続のみ, HTTPのみの接続);
```

基本的な使い方をする場合には、3番目のパラメータまでを指定すれば利用することができます。3番目の「保存期間」パラメータは「タイムスタンプ」形式で指定します。これは、Chapter 3-7でも説明していますが1970年1月1日からの経過秒数のことで、「1257155222」などという大きな数字になります。`time()`ファンクションを使えば、現在の時刻のタイムスタンプを得ることができます。

そこで、**1**のように「time」ファンクションの結果に14日分を加えて「2週間後」を指定します。14日後は「14日×24時間×60分×60秒」で1,209,600秒となります。

なお、「setcookie」ファンクションは、Chapter 3-22の「header」ファンクションと同様に、内容が送信されたあとに使うとエラーが発生してしまいます。必ずファイルの先頭にプログラムを記述しましょう。

Cookieに情報が保存されると、**2**のように「$_COOKIE」という特殊な配列でそれを取り出すことができるようになります。

`$value`という変数が空っぽになってしまっているのに対して、Cookieに代入した値は情報が残っていることが分かります。

こうして、Cookieに値を代入しておけばページが移っても、値が残るのです。

なお、このプログラムを実行するとエラーメッセージが表示される場合あります。P.098を参考にし、設定してから実行してみましょう。

Cookieのセキュリティ

Cookieは、情報を長い時間保管できるため、非常に便利そうに思います。何でもCookieに保存しておくと良さそうです。しかし、Cookieはセキュリティに考慮して使わなければなりません。例えば、学校やネットカフェなど、公共のパソコンでパスワードを保存してしまったり、パソコンに保存されたパスワードをウィルスなどで盗まれたりすることがあります。
`setcookie`ファンクションには、第4パラメータ以降にセキュリティに関する設定があります。

- フォルダ：　　　　ここで設定したフォルダ配下でのみ有効になります
- ドメイン：　　　　ここで設定したドメイン配下でのみ有効になります
- セキュア接続のみ：　SSL接続でのみ有効になります
- HTTPのみの接続：　JavaScriptなどからはアクセスできなくなります

これらの設定を正しく設定して、情報を安全に管理しましょう。また、むやみに保存期間を長く設定しすぎず、必要に応じて削除するなどして、安全性を保ちましょう。

COLUMN

Cookieの扱いにはご注意

本文で紹介したセキュリティリスクの他にも、Cookieにはセキュリティリスクがあります。
Cookieはブラウザの簡単な操作で内容を見ることができてしまううえ、これまでも悪意のあるプログラムによって、盗まれるといった被害が絶えず、安全に保管しておくことはできません。
そのため、Cookieには重要な情報を保存しておくべきではありません。
もし、自動ログインをできるような仕組みにする場合には、ユーザーが設定したパスワードとは違う無作為な文字列を自動的に作り出し、それをCookieと後述するデータベースなどで判定するなど、複雑な仕組みが必要になってくるでしょう。
実際のプログラム例は、本書の範囲を超えてしまいますが、ここでは「Cookieには重要な情報は保存してはいけない」ということだけは覚えておくとよいでしょう。

Chapter 3-25

セッションに値を保存する

ログインが必要なWebサイトなどで、ログイン後に画面を移動した場合にログイン中であることを覚えておかなければなりません。前節のCookieを利用しても実現はできますが、このような「Webブラウザを開いている間だけ」覚えさせておきたいものは、セッションという仕組みを利用すると便利です。

完成時の出力とプログラム

セッションに値を保存する

セッションに値を保存しました。次のページに移動してみましょう。
» Page02へ

セッションに値を保存する

セッションの値：値をセッションに保存しました

使うファンクション

```
session_start
$_SESSION
header
isset
unset
htmlspecialchars
```

プログラム
sample25/index.php

```php
01  <?php
02  session_start();   …2
03  $_SESSION['session_message'] = '値をセッションに保存しました';   …1
04  ?>
05  <!doctype html>
06  …
07
08  <pre>
09  セッションに値を保存しました。次のページに移動してみましょう。
10  &raquo; <a href="page02.php">Page02へ</a>
11  </pre>
```

116　Chapter 3　PHPの基本を学ぼう

```
sample25/page02.php
01  <?php session_start(); ?>   …2
02  <!doctype html>
03  …
04
05  <pre>
06  セッションの値： <?php print($_SESSION['session_message']); ?>   …3
07  <?php session_unset(); ?>   …4
08  </pre>
```

このプログラムのポイント

PHPで情報を保存するには、Chapter 3-24の「Cookie」と本節の「セッション」という2つの方法を使うことができます。Cookieは期間を決めて保存しておけるのに対し、セッションは「Webブラウザを閉じるまで」という制限がありますが、その分安全に情報を保存しておくことができます。

PHPでセッションを使うには「$_SESSION」という特殊な変数に値を代入します（1）。ただし、セッションを使うときは、はじめに「session_start()」ファンクションを使って、初期化処理を行う必要があります（2）。セッションを使うページではすべてにこの記述を入れます。

次のページでは、3のようにセッション変数を画面に表示させています。こうして、セッションに保存された内容はWebブラウザを閉じなければずっと保存されているため、後は普通にリンクなどを張ってページを移動しても内容を保持することができます。

セッションの内容が不要になった場合は、4のように「session_unset」ファンクションを使ってセッションの内容を全て削除します。個別に内容を削除する場合には、次のようにしてもよいでしょう。

```
01  $_SESSION['session_message'] = '';
```

また、unsetファンクションを使うこともできます。

```
01  unset($_SESSION['session_message']);
```

その他のセッション操作のファンクション群はマニュアルページを参照しましょう。

http://www.php.net/manual/ja/book.session.php

COLUMN

session_start()を省略する方法

セッションを使う場合は、対象のすべてのページの先頭で「session_start()」ファンクションを記述する必要があります。

しかし、ページ数が多い場合などは手間がかかってしまうため、これを省略することができます。方法は、PHPの設定ファイルである「php.ini」というファイル(P.035参照)を書き換えます。検索などで下記の文字列を探します。

```
01 ...
02 ; Initialize session on request startup.
03 session.auto_start = 0
04 ...
```

この設定を、次のように「1」に書き換えます。

```
01 ...
02 ; Initialize session on request startup.
03 session.auto_start = 1
04 ...
```

これで、Webサーバーを再起動すれば設定が有効になります。

レンタルサーバーなどでは、php.iniを編集できることはまれですが、編集できる環境であれば、設定しても良いでしょう。

セッションのしくみと安全性

セッションに保存された内容は、Webサーバーにファイルとして保存されています。ユーザのWebブラウザには「セッションID」と呼ばれる、無作為な英数字の羅列がCookieに記録され、そのセッションIDとWebサーバー上のファイルが照合されて、セッション内容を取り出します(右図)。

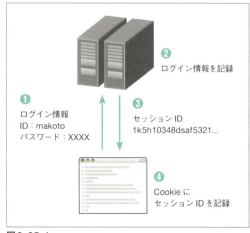

図3-25-1

しかし、このセッションIDが盗聴されたりすると、セッションを乗っ取って不正に値を取り出させる「セッションハイジャック」というセキュリティリスクにさらされることになります。

そのため、セッションの内容を過信せず、例えばWebブラウザの種類やIPアドレスなどの複数の条件で検査をして本人確認をしたり、セッションIDを定期的に変更したりと行ったセキュリティ対策で、セッションハイジャックを防ぐしくみが考案されています。

本書の領域を超えてしまうため、ここでは細かな解説は省きますが、セッションを使った本格的なプログラムを作る際には、専門書籍やPHPのマニュアルなどを読み込んで、安全性の高いプログラムを作りましょう。

COLUMN

セッションの内容が表示されない場合

page02.phpで、「セッションの値：」の後に何も表示されない場合、Webサーバーの設定によるものである可能性があります。前ページと同様、php.iniというファイルが書き換えられる場合、次の設定を見なおしてみましょう。

```
01  session.use_cookies
```

この値が0の場合、Cookieが利用できない設定になっているためセッションが利用できません。そのため、これを「1」にしてWebサーバーを再起動するとよいでしょう。

Chapter 3-26

電子メールを送信する

Webプログラムを作っていると、使う機会が多いのが電子メールの送信です。入会時の確認メールや、サンキューメール、メンバー同士のコミュニケーションなどで活躍します。PHPには簡単にメールを送信できるファンクションが準備されていますが、日本語の処理などに注意が必要です。なお、このプログラムの動作を確認するには、メールサーバーの稼働やDNSサーバーの稼働などが必要となるため、MAMPやXAMPPの環境では動作を確認できません。適当なレンタルサーバーなどを使うとよいでしょう。

完成時の出力とプログラム

電子メールを送信する

電子メールを送信しました。メールボックスを確認してみてください。

使うファンクション

```
mb_send_mail
mb_language
mb_internal_encoding
mb_encode_mimeheader
mb_convert_encoding
if
isset
print
```

プログラム
sample26.php

```php
01  <?php
02  $email = 'master@h2o-space.com';
03
04  mb_language('japanese');
05  mb_internal_encoding('UTF-8');    …1
06
07  $from = 'noreply@example.com';    …2
```

```
08  $subject = 'よくわかるPHPの教科書';
09  $body = 'このメールは、『よくわかるPHPの教科書』から送信しています';
10
11  $success = mb_send_mail($email, $subject, $body, 'From: ' . $from);
12  ?>
13  <!doctype html>
14  …
15
16  <pre>
17  <?php if ($success) : ?>  …3
18  電子メールを送信しました。メールボックスを確認してみてください。
19  <?php else : ?>
20  電子メールの送信に失敗しました。Webサーバーの設定などをご確認ください。
21  <?php endif; ?>
22  </pre>
```

このプログラムのポイント

PHPは、電子メールを送信するのも非常に簡単で「mail」という専用のファンクションが準備されています。しかし、このファンクションは日本語が考慮されておらず、使うのはかなり手間がかかります。そこで、日本語のメールを送信できる「mb_send_mail」ファンクションを使います。これであれば、比較的簡単に送ることができます。

```
mb_send_mail(送り先のメールアドレス，サブジェクト，本文，送り主のメールアドレス等);
```

このファンクションを使う場合は、PHPの設定で言語や文字コードを正しく設定しておく必要があります。通常は「php.ini」という設定ファイルを変更するのがベストですが、レンタルサーバーなどでは変更できないことも多いため、ここではプログラム内で一時的に設定を変えています(1)。ここでは、使用言語が日本語で文字コードが「UTF-8」であると設定しています。
2では、差出人、件名、本文を設定しています。
これで電子メールを送信する準備が整ったので、「mb_send_mail」ファンクションで送信しましょう。ファンクションは、成功したかどうかを戻り値として返してくれます。詳しくは以下のマニュアルを参照しましょう。

http://php.net/manual/ja/function.mb-send-mail.php

そこで、この戻り値を利用して「$success」変数に一旦保管しました。そして、3ではメッセージを表示する部分でif構文を使って成功したかどうかを改めて取得し、「送信しました」または「送信に失敗しました」というメッセージを表示したというわけです。

COLUMN

差出人を名前とメールアドレスで指定する

電子メールの仕様では、差出人はメールアドレスと名前を片方または両方、指定することができます(本文中の 2 では、前者の形式で指定しました)。

例)
support@h2o-space.com …………………………… メールアドレスだけの場合
たにぐち まこと <support@h2o-space.com> ……… 名前とメールアドレス

後者のような形式で差出人を設定した場合、メールソフトによっては差出人だけを表示して、メールアドレスは返信する時に初めて表示されるといったこともあると思います。
このように名前を指定する場合には、「MIMEヘッダ」と呼ばれる形式に変換をします。「MIMEヘッダ」に変換するためには、文字コードが「JIS」形式でなければなりません。
本書では文字コードとして「UTF-8」を使っているため、もし差出人の名前も設定したい場合は、以下のように「mb_conver_encoding」ファンクションを使って変換を行います。

```
01  $from = mb_encode_mimeheader(mb_conver_encoding("たにぐちまこと", "JIS",
02  "UTF-8")) . "support@h2o-space.com";
```

COLUMN

差出人メールアドレスは適切に

PHP を使って電子メールを送信した場合、メールソフトで通常通りにメールを送信するのに比べ、「迷惑メール」になる可能性が高まるようです。
メールソフトが、迷惑メールとして判断する基準はソフトウェアによっても異なりますし、詳細はセキュリティ上公開されないため分からないですが、プログラムで送信する場合には簡単に大量のメールを送信することもできてしまうため、メールソフト側が防御のために一律迷惑メールとするのも頷けます。
比較的迷惑メールになってしまいがちなのが、サーバーのドメインとメールアドレスのドメインが違う場合です。つまり「example.com」で契約をしているレンタルサーバーから「info@h2o-space.com」といったメールアドレスで送信をしようとすると迷惑メールになる可能性が高いようです。
その他にも、メール本文に英語しか書かれていないとか、URL が非常に多いなど、様々な要因で分類されます。メールが正常に届かない場合には、迷惑メールになってしまっていることを疑ってみるとよいでしょう。

Chapter 3-27

2つのトップページにランダムで誘導する
── rand

Webサイトのアクセス解析の1つに「A/Bテスト」があります。同じ内容で、2種類のデザインのページを作って、それぞれのページ遷移の違いなどを比べることで、どちらのデザインがより良いかを調べる方法です。このとき、来た人をランダムでそれぞれのページに振り分けられると便利です。

完成時の出力とプログラム

Aのページ

このページは、Aのページです。もう一度、ページを読み込んでみましょう。

PHPファイルへ

Bのページ

このページは、Bのページです。もう一度、ページを読み込んでみましょう。

PHPファイルへ

使うファンクション

rand、header、if

プログラム
sample27/index.php

```
01  <?php
02  if (rand(0, 1) == 0) {    …1
03      header('Location: a.html');
04  } else {
05      header('Location: b.html');
06  }
07  ?>
```

123

プログラム

sample27/a.html

```
01   このページは、Aのページです。もう一度、ページを読み込んでみましょう。
```

sample27/b.html

```
01   このページは、Bのページです。もう一度、ページを読み込んでみましょう
```

このプログラムのポイント

PHPで、<u>無作為な数字</u>を取り出すには「rand」というファンクションを使います。

書式 randファンクションの使い方

```
ランダムな値 = rand(【最小の数字】, 【最大の数字】);
```

1では、0または1のいずれかをPHPが無作為に選んでくれます。ここでは、その値を直接if構文で、0であれば「a.html」に、そうでなければ（つまり1なら）「b.html」にheaderファンクションで遷移させています。

randファンクションは、非常に応用範囲の広いファンクションです。特にゲーム的な要素のあるWebサイトなどでは、さまざまな場面で活用できます。

Chapter 3-28

ファイルアップロードを受信する

フォームの中でも、最も難易度が高いのが「ファイルアップロード」です。写真などのアップロードや書類の受け渡しなど、使い道の広いコントロールなので、ぜひマスターしたいプログラムと言えます。

完成時の出力とプログラム

ファイルアップロードを受信する

　　　　　　　　写真：　ファイルを選択　選択されていません

ファイルアップロードを受信する

ファイル名（name）：face.png
ファイルタイプ（type）：image/png
アップロードされたファイル（tmp_name）：C:¥Users¥TANIGUCHIMakoto
エラー内容（error）：0
サイズ（size）：56719

使うファンクション

```
$_FILES
move_uploaded_file
substr
```

プログラム
sample28/index.php

```
01  <form action="submit.php" method="post" enctype="multipart/form-data">   …1
02  <input type="text" name="ok">
03  写真：<input type="file" name="picture">
04  <input type="submit" value="送信する">
05  </form>
```

sample28/submit.php

```
01  <?php
02  $file = $_FILES['picture'];
03  ?>
04  ファイル名 (name)：<?php print($file['name']); ?>   …2
05  ファイルタイプ (type)：<?php print($file['type']); ?>
06  アップロードされたファイル (tmp_name)：<?php print($file['tmp_name']); ?>
07  エラー内容 (error)：<?php print($file['error']); ?>
08  サイズ (size)：<?php print($file['size']); ?>
09
10  <?php
11  $ext = substr($file['name'], -4);   …3
12  if ($ext == '.gif' || $ext == '.jpg' || $ext == '.png') :
13      $filePath = './user_img/' . $file['name'];
14      $success = move_uploaded_file($file['tmp_name'], $filePath);
15
16      if ($success) :
17  ?>
18  <img src="<?php print($filePath); ?>">   …4
19      <?php else: ?>
20  ※ ファイルアップロードに失敗しました
21      <?php endif; ?>
22
23  <?php else: ?>
24  ※拡張子が.gif，.jpg，.pngのいずれかのファイルをアップロードしてください
25  <?php endif; ?>
```

このプログラムのポイント

ファイルアップロードの仕組みを作るには、まずはフォームの作り方に工夫が必要です。■1を見ると、「enctype」という見慣れない属性が付加されています。これは、「encode type」の略称で、フォームを送信するとき、そのままの形では送信ができないために「コード化（エンコード）」と呼ばれる作業をします。「multipart/form-data」という種類は、これまでの文字情報のみのフォームに加えて、ファイルをそのまま送信することができる方式です。ファイルアップロードをする場合は、必ずこの属性が必要です。

そしてもう一点。ファイルアップロードでは、form要素のmethod属性で必ずpost（Chapter 3-17参照）を選ばなければならず、getではファイルが送信されません。注意しましょう。

それでは、プログラムの内容を見ていきます。フォームの内容は$_GETまたは$_POST、および$_REQUESTで取得できると紹介しましたが、アップロードされたファイルは、特別な変数である「$_FILES」で渡されます。連想配列（Chapter 3-9）として格納されているので、例えば「$_FILES['picture']」などとキーを指定して取り出します。インデックスには、input要素の「name」属性に指定した値を指定します。

$_FILESで受信した内容は、さらに連想配列になっていて、内容は「name」や「type」、「error」などに分かれています。これは、ファイルアップロードでは必ず決まった連想配列となります。まずは、この連想配列の内容を■2のようにしてすべて表示させました。

この中で見慣れないものとしては「tmp_name」というキーがあります。これは、Temporary Nameの略で、一時的にアップロードされたファイルのファイルパス（P.112参照）とファイル名です。

ファイルアップロードは、フォームが送信されると一時的にそのファイルを保存します。このファイルをプログラムの指示に従って、適切な場所に移動するのです。

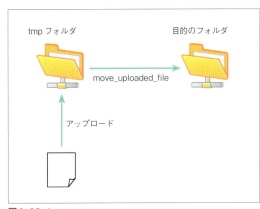

図3-28-1

この、一時的に保存されたファイルを移動するファンクションが「move_uploaded_file」です。次のような書式になります。

書式 move_upload_fileファンクションの使い方

```
ブール値 = move_uploaded_file(【コピー元】, 【コピー先】);
```

127

コピー元は、たいていの場合は「tmp_name」をキーにして取り出した値ですので、ここでは「$file['tmp_name']」になります。移動先は、任意の位置を指定します。ここでは、PHPのファイルと同じ場所に「user_img」フォルダを作成して、ここに移動をしました。

```
$filePath = './user_img/' . $file['name'];
                 │                │
            移動先のフォルダ名    アップロードされたファイルの元々のファイル名

$success = move_uploaded_file($file['tmp_name'], $filePath);
                                      │              │
                              ファイルの元々のファイル名、ファイルパスとファイル名
```

そのため、このプログラムを動作させる前には、実際にフォルダを作成しておく必要があります。また、このとき、サーバーによっては次のようなエラーメッセージが表示されることがあります。

```
move_uploaded_file(./image.png) [function.move-uploaded-file]: failed to open
stream: Permission denied in /.../index.php   on line XX
```

このようなエラーが発生したり、正常に画像が表示されない場合はアップロードが行われていないため、後述の項目を参照して問題を解消しましょう。こうしてアップロードしたファイルは、プログラム内で自由に使うことができます。例えばここでは、img要素の「src」属性に指定して、完成イメージのように画像を表示させています（❹）。

しかしファイルアップロードは、フォームの中でも最も<u>セキュリティ</u>的に危険な入口の1つです。故意にウィルスソフトや、いたずらのソフトなどをアップロードしたり、ユーザーも気がつかない状態でウィルスに感染したファイルをアップロードしたりすることがあります。そのため、セキュリティには細心の注意を払って利用しましょう。

このとき頼りになるのが<u>拡張子</u>です。例えば、今回のように画像のアップロードを受け入れたい場合は、拡張子が「gif」「jpg」および「png」のファイルだけを受け入れられれば十分と言えるでしょう（まれにJPEG画像で「.jpeg」という拡張子がありますが、ここでは例外とします）。

そこで、❸でこの拡張子を検査しています。まず「substr」というファンクションは文字列から一部分だけを切り取ることができます。2番目のパラメータに「-4」と指定しているのは「後ろから4文字目」という意味で、ここではファイル名の後ろから4文字を切り取っているため、拡張子を抜き出すことができます。

これを「$ext」という変数に代入して、それぞれ「.gif」「.jpg」「.png」と同等であるかを比べています。「||」は<u>論理演算子</u>で「または」という意味です。つまり、この拡張子のいずれかの場合は画像として受け入れ、それ以外の場合はエラーメッセージを表示して終了させます。

もし、ユーザーの操作ミスで画像であるにもかかわらず拡張子を付け忘れていた場合でもあっても、どちらにしても画像としては正しく処理できませんので、エラーメッセージを出してしまって良いでしょう。

フォルダの属性を設定する

XAMPPやMAMPなどではなく、レンタルサーバーなど外部のサーバーを利用してる場合、Webサーバー上のフォルダは、セキュリティ上の理由から基本的には新しくファイルを作ったり、削除したりすることはできません。

これを利用するためには「パーミッション＝権限」を設定する必要があります。設定にはFTPクライアントソフトを利用します。ここでは、Windows用のWinSCPを利用して説明しますが、ほとんどのFTPソフトには同様の機能が搭載されているため、ソフトのマニュアルなどを参考にしてみましょう。XAMPPやMAMPを使用している場合は、この操作は必要ありません。

まずは、Webサーバーに接続して対象のフォルダを右クリックします。そして、「プロパティ」メニューをクリックしたら、ここで権限を設定していきましょう。本文では、ファイルをアップロードしてフォルダに書き込むので「その他」というユーザーに「書き込み」の権限を与えます。これで、[OK]をクリックしたら、権限が変更されます（右図）。

図3-28-2

ファイルアップロードの一時保存先

ファイルアップロードの際に、自動的に保存されるフォルダは「php.ini」（P.092参照）というPHPの設定ファイルで設定をすることができます。ただし、特別な理由がなければ変更する必要はありません。念のため、どこに保存されるのかを知るには次ページのようなプログラムを作成して実行してみましょう。

```
01  <?php
02  print ini_get('upload_tmp_dir');
03  ?>
```

このプログラムを、Webサーバーにアップロードして実行すると、次のような文字が画面に表示されます。ここが、一時ファイルが保存される場所です。

```
/temp/uploads
```

任意のファイルをアップロードする場合

本文のように、アップロードされるファイルが画像である場合は制限を厳しくすることで安全性を保つことができます。しかし、例えば「注文書」や「依頼書」など、ユーザーが準備した書類を受け入れる場合、テキストファイルか、Microsoft WordかExcelかPowerPointか、それとも全く別のソフトなのかなど、選択肢がぐっと広がってしまいます。

このような場合、拡張子だけでは制限をつけにくいですし、Microsoft Officeのデータには「マクロウィルス」と呼ばれるウィルスが混入していることもあります。やはり最終的には、手作業でのチェックが必要となります。

そのため、このようなファイルアップロードは、必ずアップロードされたファイルを管理者がチェックできるような仕組みを備え、ウィルス対策ソフトがきちんと動作している環境でファイルをチェックし、安全性が確認されてから利用するようにしましょう。

COLUMN

$_FILES['type']について

$_FILES配列には、ファイルのタイプを示す「type」というキーがあります。例えば、GIF画像の場合は「image/gif」、実行ファイルの場合は「application/octet-stream」など、そのファイルの種類を格納します。これを利用すれば、もっと簡単にファイルの種類をチェックすることができそうです。

しかし、残念ながらこの値は信用することができません。PHPのマニュアルにも記載があります。

> http://jp.php.net/manual/ja/features.file-upload.post-method.php
>
> **$_FILES['userfile']['type']**
> ファイルの MIME 型。ただし、ブラウザがこの情報を提供する場合。例えば、"image/gif"のようになります。この MIME 型は PHP 側ではチェックされません。そのため、この値は信用できません。

参考程度の情報にとどめ、拡張子やファイルの内容などで検査をするようにしましょう。

練習問題の答え

■ Chapter 3-1

```
01  <?php
02  print('たにぐち まこと');
03  ?>
```

■ Chapter 3-2

```
01  print(60*60*24);
```

■ Chapter 3-3

```
01  <?php
02  print('今日は ' . date('Y年n月j日') . 'です');
03  ?>
```

■ Chapter 3-5

```
01  print($sum);
02  ?>
```

■ Chapter 3-6

```
01  $i = 100;
02  while ($i>=1) {
03      print ($i);
04      $i = $i - 2;
05  }
06
07  // または
08
09  for ($i=100; $i>=1; $i=$i-2) {
10      print ($i);
11  }
```

■ Chapter 3-7

```
01  <?php
02  $i=1;
03  while ($i<=365) {
04      $timestamp = strtotime('+' . $i . 'day');
05      $day = date('n/j(D)', $timestamp);
06      print ($day . "\n");
07      $i++;
08  }
09  ?>
```

■ Chapter 3-8

```
01  $ages = ['10代以下', '20代', '30代', '40代', '50代', '60代以上'];
02
03  print ($ages[2]);    // 例：30代の場合
```

■ Chapter 3-9

```
01  <select>
02  <?php
03  $platforms = ['win'=>'Windows', 'mac'=>'Machintosh',
04  'iphone'=>'iPhone', 'ipad'=>'iPad', 'android'=>'Android'];
05  foreach($platforms as $platformId => $platformValue) :
06  ?>
07  <option value="<?php echo $platformId; ?>"><?php echo
08  $platformValue; ?></option>
09  <?php
10  endforeach;
11  ?>
12  </select>
```

■ Chapter 3-10

```
01  $answer = 0;
02  if ($answer == 0) {
03      print('1以上の数字を指定してください');
04  }
```

■ Chapter 3-17

```
01  <dl>
02  <dt> お名前</dt>
03  <dd><?php print(htmlspecialchars($_GET['my_name'], ENT_QUOTES)); ?></dd>
04  <dt> メッセージ</dt>
05  <dd><?php print(htmlspecialchars($_GET['message'], ENT_QUOTES)); ?></dd>
06  </dl>
```

Chapter 4 データベースの基本を学ぼう

PHPだけでできるプログラムには限りがあります。PHPが力を発揮するのは、データベース(DB)と合わせて使ったときこそ。そこで、本章ではまずその「DB」の基本的な知識やDBの操作方法について紹介し、次章でPHPと組み合わせたプログラムについて紹介していきましょう。「SQL」という独特なプログラム言語が出てきますが、難しくないので気楽にチャレンジしてみてください。

Chapter 4-1

データベースについて

PHPに限らず、現在のWebプログラムやソフトウェアでは、「データベース」が欠かせない存在になっています。データベースとは、情報を記録するためのしくみの1つで、例えばオンラインショッピングでの商品の名前やメーカー名、価格といった情報。顧客の発送先住所、クレジットカード番号や買い物の履歴など、「情報」と呼べるあらゆるものを記録しておくことができます。とはいえ、情報を記録するだけなら、データベースなど使わなくてもファイルやXMLなどに保存しておくこともできます。なぜ、データベースを使う必要があるのでしょうか？ この項目ではデータベースを使うメリットや種類について紹介します。

データベースの便利なところ

データベースが便利なのは、それ自身が「ソフトウェア」であるということです。ファイルやXMLの場合、それらは単なる「容器」でしかありません。そのため、情報の記録や取り出し・消去といった作業は、自分で行わなければなりません。

しかし、データベースの場合には容器の他に、データを管理する「管理人」がいるような状態で、彼にお願いをするだけで情報を保管・管理してくれます。しかも、この管理人はものすごい能力があり、何千件・何万件とある情報を瞬時に検索・並び替え・分類などを行ってくれるスーパーマンなのです。

ただし、依頼をするときは、ちょっと特殊な言葉を使わなければなりません。次の命令を見てみましょう。

```
01  SELECT * FROM table1 WHERE price<5000 AND rank>=10 AND genre='book' ORDER BY
    created DESC;
```

この命令文は、「table1という表から、価格(price)が5000未満、ランキング(rank)が10以上、ジャンル(genre)が本(book)の情報を、作成日(created)の新しい順に取り出して」という命令になります。この命令文は、SQL (Structured Query Language)といい、データベースを操作する特殊な言語です。各文法はこの後じっくりと解説をしますが、データベースを操作するためには、PHP等のプログラム言語の他に、このようなSQLを覚えなければなりません。

とはいえ、非常に簡単な英単語の組み合わせですし、何よりもデータベースを覚えることができれば、作ることができるWebシステムの種類がぐっと増えます。がんばって勉強をしてみましょう。

たくさん種類があるのはなぜか

データベースは、多くの企業や開発者がそれぞれの製品を開発しており、多くの種類が存在しています。代表的なものを紹介しましょう。

Oracle Database

データベースの代表的な存在。非常に高額だが、機能や動作速度、信頼性は群を抜いている

Microsoft SQL Server

Microsoftが、Oracleの対抗製品として開発しているデータベース。こちらも高額。Windows ServerやMicrosoftの開発言語との相性が抜群

Microsoft Access

同じくMicrosoftが、個人向けに開発しているオフィス製品の1つ。数万円程度で入手できる

FileMaker

mac OSでも利用できるデータベース

MySQL、MariaDB

MySQLはオープンソースとして開発されており、利用法によっては無料で利用することができる。現在は、Oracleの傘下で開発が進められている。そこで、別途オープンソースとしてMariaDBという名称での開発も進められている。現状ではどちらも同じ使い方ができる

PostgreSQL

MySQLと並んで人気のあるオープンソースデータベース

SQLite

現在、最も小さく、低機能なデータベース。ちょっとしたデータの管理などに最適で、モバイルの世界などを中心に利用ケースが増えてきているとされている

他にもたくさんの種類があります。これらの中から、機能や性能、価格などを比べて最適なものを選ぶことになります。ただし、最近では「MySQL（またはMariaDB。以降は総称としてMySQLと呼びます）」や「PostgreSQL」といったオープンソースのソフトウェアの完成度が非常に高くなり、十分実用に耐えうる存在となったため、選ぶ人も非常に増えています。特に、PHPでは「MySQL」との相性が良く、レンタルサーバーなどでもPHPとMySQLが標準で利用できるというケースが多く見られます。
Chapter 2で紹介した「XAMPP」「MAMP」でもMySQLが利用できるので、まずはこのデータベースから始めると良いでしょう。本書でも、MySQLを使っていきます。

Chapter 4-2

MySQLを使ってみよう

それでは、早速MySQLを利用してみましょう。MySQLは、オープンソースソフトなので、インストールすれば利用することができます。ただ、一般的なソフトウェアなどと違い、ユーザーがすでにWebサーバーなどの操作に長けていることを前提として作られているため、簡単にはインストールできません。そこで、あまり詳しくない場合にはあらかじめ準備されているレンタルサーバーを利用したりすることになります。幸い、MAMPやXAMPPにはMySQLが標準で組み込まれているため、すぐに使い始めることができます。それぞれでの使い方を紹介しましょう。

MAMPで利用する

1 MAMPを起動したら、「サーバを起動」ボタンをクリックします。

図4-2-1

2 スタートページの画面上部で「ツール→phpMyAdmin」をクリックします。

図4-2-2

XAMPPで利用する

1 XAMPP Control Panel を起動して、「Apache」と「MySQL」の「開始（またはStart）」ボタンをクリックします。このとき、警告が表示された場合は［OK］をクリックしましょう。

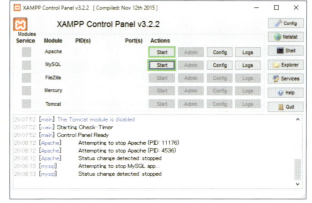

図 4-2-3

2 「MySql」の「Admin」ボタンをクリックします（図4-2-4）。既定のブラウザで、phpMyAdmin が立ち上がります。

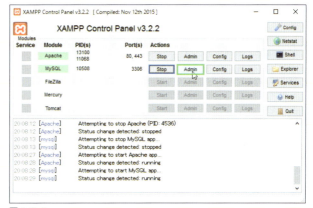

図 4-2-4

図 4-2-5

137

Chapter 4-3

データベースを使ってみよう

ここから先の手順は、Mac、Windows共通です。ただし、バージョンによって画面のデザインや配置が若干違う場合があるので注意しましょう。それでは、実際にデータベースを使ってみましょう。

新規データベースを作成する

1 はじめの画面で上部の「データベース」をクリックして、「データベースを作成する」という入力欄に「mydb」と入力し、「照合順序」を「utf8mb4_general_ci」に合わせて「作成」ボタンをクリックします。

図4-3-1

2 次の画面で、「テーブルを作成」という入力欄で、「名前」には「items」と入力し、「カラム数」には「2」と入力して「実行」ボタンをクリックします。

図4-3-2

3 図の画面が表示されたら、「名前」に「id」「name」と入力し、「データ型」をそれぞれ「INT」と「TEXT」に変えます。ここまでできたら画面下の「保存する」ボタンをクリックしましょう。

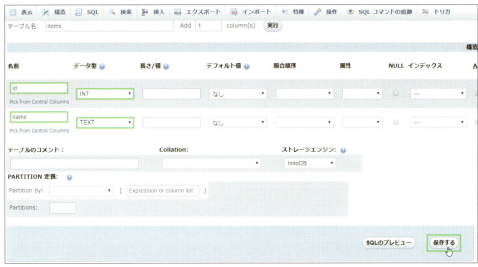

図4-3-3

4 保存ができると画面左側に「items」という今作ったテーブルが追加されています。右側の画面で、上部のタブの中から「挿入」タブをクリックしましょう。

図4-3-4

5 右側のテキストフィールドにそれぞれ「1」「商品1」などと入力して「実行」ボタンをクリックします。このとき、入力欄が2箇所ありますが下のものは無視して構いません。

図 4-3-5

6 画面上部のタブから「表示」を選びます(図 4-3-6)。すると、今挿入をした情報が表示されていることが分かります(図 4-3-7)。

図 4-3-6

図 4-3-7

140　Chapter 4　データベースの基本を学ぼう

7 同様の手順で、商品2、商品3といった具合にデータを挿入してから表示をすると、一覧で表示されます。

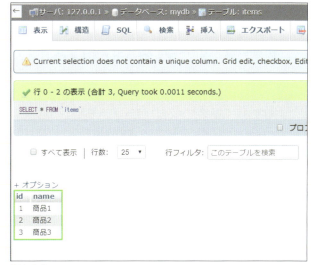

図 4-3-8

COLUMN

もしも文字化けしたら

本文の手順でデータベースを操作すると、日本語が正しく表示されない場合があります（図4-3-9）。
これは、照合順序（＝文字コード）が正しく設定されていないため。本文のデータベースを作成するときに、ドロップダウンが正しく選べていないことが考えられます。そこで、次の手順で一旦削除して、改めて作成してみましょう。

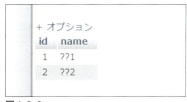

図 4-3-9

❶ 画面左側で「mydb」と書かれた部分をクリックします。

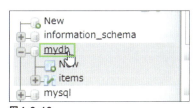

図 4-3-10

❷ 画面上部の「操作」タブを選び、メニューの「データベースを削除する（DROP）」をクリックします。警告が表示されたら「OK」をクリックします。
これで、データベースが削除されるので改めて作成してみてください。

図 4-3-11

Chapter 4-4

データベースを理解しよう

前節では、データベースに「データを挿入して表示する」という作業を行ってみました。しかし、前準備が非常に大変で、なんの作業をしたのかよく分からない部分もあったことでしょう。そこで、改めて操作を振り返りながら、データベースの各機能を理解していきましょう。

データベース（データベーススペース）

少しややこしいのですが、データベースには大きな単位として「データベース」があります。パソコンの「フォルダ」みたいなもので、この後紹介する「テーブル」というものを目的に合わせて分類することができるものです（図4-4-1）。

システムとしての「データベース」と、この単位としての「データベース」がややこしいので、本書では後者のことを「データベーススペース」と呼びます。

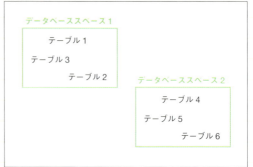

図4-4-1

今回は「mydb」という名前のデータベーススペースを作りました。また、この時に「照合順序」というものを設定しました。これは「文字コード」のことで、今回は「UTF8（utf8mb4_general_ci）」を選びました。Shift JISの場合は「sjis_japanese_ui」、EUCの場合は「usis_japanese_ui」を選びます。その他にも数多くの選択肢がありますが、日本語で主に使うのはこの3種類だけです。

テーブル

続いて「テーブル」を作成しました。これは、例えばMicrosoft Excelなどのいわゆる「表計算ソフト」を考えると分かりやすいでしょう。2次元の表の横軸に表の定義を、縦軸に各情報を入力して記録していきます。

データベースの「テーブル」も基本的にはこれと同じように、2次元の表を使ってデータを管理していきます。

ただし、Excelの場合は始めに空の表が準備されるのに対して、データベースは細かく内容を定義していかなければなりません。これは、後ほどデータを「検索」したり「集計」したりしやすくするための工夫で「カラム設計」と呼びます。詳しいことはこの後紹介します。

表計算ソフトの場合、図4-4-2のように横軸を「行」、縦軸を「列」などと呼びますが、データベースのテーブルの場合は呼び方が少し違います。図4-4-3の通り、横軸を「レコード」、縦軸を「カラム」と呼びます。

また、縦軸のことを「フィールド」と呼ぶ場合もあるので、少しややこしいです。本書では、基本的に「カラム」という呼び名を使います。

ここでは、「id」と「name」という2つのカラムを持ったテーブルを作成しました。

図4-4-2

図4-4-3

データ

ここまでで、データベースを使うためのお膳立てができました。続いて、作ったテーブルに「データ」を挿入していきます。データは何万件、何十万件と挿入しても構いません。ただし、その分表示や検索に時間がかかってしまうため、テーブルの作りやデータの挿入方法に工夫が必要になってきます。挿入したデータは、一覧で見ることができます。

こうして、データベースでデータを管理することができるようになりました。データベースを使うときには「データベーススペース」と「テーブル」を作って「カラム」を決め、「データ」を挿入する。この作業手順を覚えておきましょう。

図4-4-4

カラムの型

本文でカラムを作成したとき「INT」とか「TEXT」といった選択肢を選びました。これは、カラムの「型（かた）」と呼び、データベースの大切な要素の1つです。ここでは「idというカラムはINT（Integerの略で整数という意味）、nameはTEXT（文章）の型です」という指定をしました。

その他にも、非常にたくさんの種類の型がありますが、ここでは主要なものだけ紹介しておきましょう。

VARCHAR	文字数を指定する必要がある文章で、例えば桁数の決まったコードなどを格納するときなどに使います
TINYINT SMALLINT BIGINT	INTと同様に整数のカラムですが、上限と下限によっていくつか準備されています。TINYINTは「-128から127」、SMALLINTは「-32768から32767」、BIGINTの場合は「兆」を超えた桁数という非常に大きな桁数を扱えます
FLOAT DOUBLE	小数を扱う型でDOUBLEの方が大きなデータを扱うことができます
DATE DATETIME	日付または日付と時間を扱うことができます
BLOB	「バイナリーデータ」と呼ばれる、コンピュータ用のデータをそのまま取り込むことができます

このような型の中から適切なものを選びます。データベースのテーブルは一度型指定すると、それ以外のデータは挿入することができなくなります。例えば、INT型に設定したカラムには「abc」や「あいうえお」といった文章は入れることができません。どのようなデータをそのテーブルで扱うかを慎重に考えて、設定していきましょう。

COLUMN

なぜ型があるの？

例えばExcelなどの表計算ソフトでは、各セルには自由にデータを入れることができます。データベースの場合、あらかじめ入れられる情報に制限を加えてしまうと、不便になってしまうのではないかと思うかもしれません。

しかし、こうして厳しくルールを定めることで、データベースは非常に効率よくデータを管理し、素早く正確に、複雑な条件での検索などもこなすのです。また、データベースは内容によっては非常に情報量が多くなります。「SMALLINTよりも桁数が多いINTにしておこう」と余裕を持って設定したりすると、はじめは気にならない程度のデータ量でも、数十万件、数百万件と行ったデータ量になったときには、扱いきれないデータ量になってしまうかもしれません。

しっかりと必要なデータ量や型を考えて、設定していく必要があります。

Chapter 4-5

SQLを使ってみよう

Chapter 4-4でデータベースは「SQL」という独特な言語を使って操作をすると紹介しました。しかし、実際にはWebブラウザ上でマウス操作だけでほとんどの作業が行えてしまいました。しかし、実はこれはMySQLの機能ではありません。「phpMyAdmin」というこのツールは、phpMyAdmin development teamという外部のチームが制作しているオープンソースプロダクト。MySQLをビジュアル的に編集することができるWebツールです。では、本来のMySQLの操作はどのようなものでしょうか？　ここで少し体験をしてみましょう。

データをSQL文で選択する

phpMyAdminにアクセスして、画面左側から「mydb」という先ほど作成したデータベーススペースをクリックします。画面上部のタブで「SQL」をクリックすると、図4-5-1のようなテキストフィールドだけが表示されます。

図4-5-1

ここに、次のSQLを入力して［実行］ボタンを押します。

```
01  SELECT * FROM items;
```

すると、次ページ図4-5-2のようにデータの一覧が表示されます。ちょうど「表示」のタブをクリックしたときとその挙動が似ていますね。

145

図4-5-2

データをSQL文で挿入する

もう一度「SQL」タブをクリックして、今度は次のような内容を入力します。

```
01  INSERT INTO items SET ID=100, name='商品100';
```

そして「実行」ボタンをクリックすると、図4-5-3のように画面上部に「1行挿入しました」と表示されます。

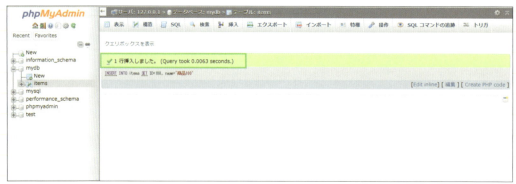

図4-5-3

先ほどの「SELECT」から始まるSQLを改めて入力してみましょう。「商品100」というデータが追加されています。これがSQLという言語の使い方です。

phpMyAdminが作成するSQL文を確認する

データベースは、データの挿入や表示、その他変更や削除、テーブルの作成やデータベーススペースの作成にいたるまで、すべてをSQLで操作する必要があります。

phpMyAdminを利用するとマウス操作で様々な操作が行えるのは、このツールがSQLの作成や実行を代行してくれているからなのです。

その証拠に、例えば次のような操作を行ってみましょう。

❶ 画面左側のテーブル一覧から「items」を選びます
❷ 画面上部のタブで「表示」タブを選びます。

すると、データの一覧が表示されますが、その上部に次のようなSQLが表示されています(図4-5-4)。

```
SELECT * FROM `items`
```

図4-5-4

何のためにSQLがあるの？

phpMyAdminがあれば、SQLなんてややこしいものを覚える必要はないのではないか？　そんなふうに思うかもしれません。しかし、phpMyAdminだけではできることに限りがあります。SQLは、非常に複雑な構文を作ることもでき、それによって効率よくデータを処理することができます。

しかし、phpMyAdminのマウス操作だけで作れるSQLには限りがあるため、より高度な操作をするためにはSQLが欠かせません。

また、この後PHPとMySQLを連携させて、Webシステムを作っていきますが、このときにはSQLが必須の知識なのです。phpMyAdminを便利に活用しつつ、SQLもしっかり勉強していきましょう。

COLUMN

SQL文を打ち込むには

本節やこの後解説するSQLは、実際に動作を確認しながら読み進めることができます。次の手順で、SQLを打ち込む画面にしましょう。

1. phpMyAdminを起動します
2. 画面左側のデータベース一覧から、Chapter 4-3で作成した「mydb」をクリックします
3. 画面上部の「SQL」タブをクリックします

ここに出てくる、大きなテキストエリアにSQLを打ち込みます。Chapter 4-5の最初に行った操作です。

COLUMN

全部大文字のSQL

SQLを記述する時、大文字と小文字は特に区別されません。しかし、本書を初めとして大抵の解説書は大文字で記述されており、慣例的に大文字で記述することになっているようです。
また、筆者などは「テーブル名やカラム名は小文字」などとしています。特に決まりがあるわけではなく、慣例的にそうなっているといった程度です。
ただし、大文字を打ち込み続けるというのはなかなか大変で、キーボードの[Caps Lock]キーを押下してロックをするか、[Shift]キーを押し続けながら打ち込まなければなりません。筆者は、後者の方法を習得していますが、キーボード右側の[Shift]キーを押すことがクセ付かず、常に左の[Shift]キーを押しっぱなしにしているため、左手小指が痛くなってしまいます。無理をせず、面倒であればすべて小文字で打ち込んでも特に問題はないでしょう。

COLUMN

MySQL以外でも使えるSQL

ここで解説するSQLというプログラム言語（正確には「問い合わせ言語」と言います）は、もともとコンピュータメーカーの米IBM社が策定しました。しかし、その後「ISO」によって国際標準に認定されました。これはつまり、SQLがどんなデータベース製品でも使えることを意味します。
実際、現在MySQLはもちろん、PostgreSQL、Oracleなど、本文で紹介したデータベースではいずれも利用することができます。そのため、一度SQLを覚えておけば、データベース製品を変えても活かせる知識となるのです。

Chapter 4-6

テーブルを作るSQL ── CREATE

テーブルを作成するには「CREATE TABLE」構文を使います。テーブル名に続いて、そのテーブルに準備するカラムとその型を指定していきます。

書式

```
CREATE TABLE テーブル名（カラム1 型，カラム2 型，...）
```

CREATE文の使い方

例えば、図4-6-1のようなテーブルを作成するには、どのようなSQL文を書けばよいでしょうか。

名前	データ型
id	INT
item_name	TEXT
price	INT

図4-6-1

```
01  CREATE TABLE my_items (id INT, item_name TEXT, price INT);
```

となります。実際にphpMyAdminで打ち込んでみると、画面左側に「my_items」テーブルが追加されており、これをクリックして、画面上部の「構造」をクリックすると各カラムが作られていることが分かります（図4-6-2）。

図4-6-2

Chapter 4-7

データを挿入するSQL — INSERT

作ったテーブルにデータを挿入するには「INSERT」構文を使います。2つの書き方があり、どちらでも扱いやすい方でかまいませんが、ここでは「SET」を使った書式を例に紹介します。

書式

```
INSERT INTO テーブル名 SET カラム名1=値, カラム名2=値...;
```

```
INSERT INTO テーブル名(カラム名1, カラム名2...) VALUES (値1, 値2...);
```

INSERT文の使い方

例えば、前節で作った「my_items」テーブルに商品を1つ挿入するには、次のようなSQLを打ち込みます。

```
01  INSERT INTO my_items SET id=1, item_name='いちご', price=200;
```

「表示」タブを選ぶと、今挿入した「1 いちご 200」という情報が表示されることが分かります(図4-7-1)。こうして、データを挿入していくことができます。

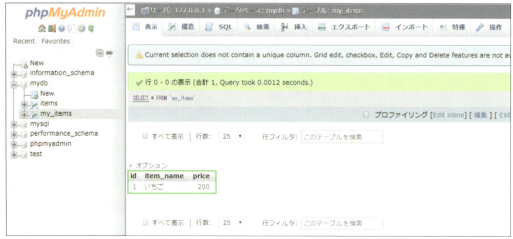

図4-7-1

SQL文を使う上での注意

ここで注意点をいくつか紹介しましょう。

スペースを取るべき場所と省略できる場所

SQLでは、スペースの扱いが非常に重要です。例えば、次のような記述はエラーとなります。

```
01  INSERTINTO my_items SET id=1, item_name='いちご', price=200;
```

「INSERT」と「INTO」の間にスペースがあって初めて「INSERT命令」であることが認識できるため、このスペースを省略することはできません。逆に、次の記述は問題ありません。

```
01  INSERT INTO my_items SET id=1,item_name='いちご',price=200;
```

値を区切る「,」の後にスペースを入れても入れなくても問題はありません。このように、省略ができる場所とできない場所があるので気をつけましょう。

文字には「'」または「"」

値を指定する場合、数字はそのままでかまいませんが、「いちご」といった文字を挿入する場合には、両端を「'(シングルクオーテーション)」または「"(ダブルクオーテーション)」で囲む必要があります。どちらでも構いませんが、基本的には「'」を使うと良いでしょう。

行の最後に「;」

SQLでは、行の最後を「;(セミコロン)」で終わらせるという約束があります。これは、PHPと同じですね。ただし、省略することもでき、次のSQLでも正しく動作します。

```
01  INSERT INTO my_items SET id=1, item_name='いちご', price=200
```

ただし、基本的には正しい書式として付加するクセをつけておいた方が良いでしょう。

Chapter 4-8

データを変更するSQL —— UPDATE

続いてデータの変更です。ここで、「条件文」という内容が登場していますが、これがSQLの真骨頂。もっとも難しく、またパワフルな部分です。詳しくはChapter 4-14で解説することとして、ここでは最も簡単な条件で試してみましょう。

書式

```
UPDATE テーブル名 SET カラム名=値, カラム名2=値... WHERE 条件文;
```

UPDATE文の使い方

例えば、前節で挿入した「いちご」の価格が180円になったと仮定して変更してみましょう。次のようなSQLを書きます。

```
01  UPDATE my_items SET price=180 WHERE id=1;
```

「表示」タブを選ぶと、データが変更されていることが確認できます（図4-8-1）。

図4-8-1

UPDATEの「SET」以降は、変更するカラムだけを書いていけばよく、例えばここではitem_nameカラムは変更しないため、記述しません。
WHERE以下の構文が「条件」であり、ここでは「idが1のデータ」を指定しています。SQLでは「=（イコール）」という記号が、「等号」の意味で使われます。PHPとは少し違っています。
ただしややこしいのが、Chapter 4-7の通り「INSERT INTO」の構文の中では「代入」と同じような意味で使われます。
「WHERE」以降は省略することも可能で、その場合は「テーブル内のすべてのデータが対象」になりますが、ほとんど利用する機会はありませんので、基本的には必ず付けると覚えておくとよいでしょう。

Chapter 4-9

データを削除するSQL —— DELETE

挿入したデータが不要になった場合には削除することができます。削除には「DELETE」を使います。

書式
```
DELETE FROM テーブル名 WHERE 条件文
```

DELETE文の使い方

例えばmy_itemsテーブルからidが1のデータを削除するには、以下のように書きます。

```
01  DELETE FROM my_items WHERE id=1;
```

これを実行すると、phpMyAdminでは確認のために図4-9-1のようなダイアログが表示されます。
「OK」をクリックすると、データが削除されます。「表示」タブをクリックすると、先ほど挿入したデータが削除されていることが確認できます。

図4-9-1

MEMO
データを削除したら、次節以降のため改めて次のSQLでデータを挿入しておいてください。

```
01  INSERT INTO my_items SET id=1, item_name='いちご', price=180;
```

Chapter 4-10

データの検索SQL ── SELECT

データを検索するには「SELECT」SQLを利用します。これまで、phpMyAdminで「表示」タブをクリックしてデータを確認していましたが、このときに実行されているSQLが「SELECT」です。

書式

```
SELECT カラム名1, カラム名2... FROM テーブル名 WHERE 条件文;
```

SELECT文の使い方

まずは、これまでと同様「idが1のデータを検索する」というSQLを記述してみましょう。これを実行すると、図4-10-1のようにデータが表示されます。

```
01  SELECT id, item_name FROM my_items WHERE id=1;
```

図4-10-1

「表示」タブをクリックしたのと同様の動作ですね。データを閲覧するときには、このようにして表示させるのです。
また、次のSQLを実行してみましょう。

```
01  SELECT * FROM my_items WHERE id=1;
```

すると、「id」「item_name」「price」のそれぞれのカラムが表示されました。「*（アスタリスク）」という記号は「すべて」という意味を持つ記号で、これを指定することでわざわざカラム名を指定する必要がなくなります。

154　Chapter 4　データベースの基本を学ぼう

Chapter 4-11

プライマリーキー ── DBで一番大切なキー

各SQLを実行するときには、「どのレコードを対象とするか」を指定することが多く、その際にそのレコードを特定するためのキーを指定することがあります。このようなキーを「プライマリーキー(または主キー)」と呼びます。

キーを設定する

ここまで紹介した、「挿入」「変更」「削除」と「検索」のSQLを改めて見直してみると、必ず出てくるカラムがあります。「id」と名付けたカラムで、適当な数字を挿入してきました。

この数字は、削除や変更のときにどのデータを対象とするかを示すための「キー」として使われる情報で、他のデータと同じ数字であってはなりません。このテーブルが「item_name」だけしかカラムがなかった場合、同名の別々の商品が登録されてしまうと、どちらかを特定することができなくなってしまうのです。

私たちの生活でも、例えば書籍などでは、すべての書籍に「123-1234567890」といった「ISBNコード」が割り振られています。また、スーパーなどで売られている商品には、バーコードとともに「JANコード」と呼ばれるものが振られています。このような「キー」となるコードは、データベースでも特別な意味を持ち「プライマリーキー(Primary key)」、または日本語で「主キー」と呼ばれます。

テーブルにプライマリーキーを設定すると、いろいろと便利なことを行ってくれます。早速設定してみましょう。

1 phpMyAdminを起動し、左側の一覧から[mydb] → [my_items]の順で選びます。そして、画面上部の「構造」をクリックすると、テーブルの構造が表示されます。

図 4-11-1

2 まずは、テーブルをキレイにするためにいったん「操作」タブをクリックして「テーブルを空にする(TRUNCATE)」をクリックし、テーブルを空にしておきます。

図4-11-2

3 もう一度、「構造」タブをクリックします。ここで、「id」カラムの右の方に、鍵のアイコンがあるので、これをクリックします(図4-11-3)。画面幅によっては「その他」に納まってしまうことがあるので、これをクリックします(図4-11-4)。

図4-11-3

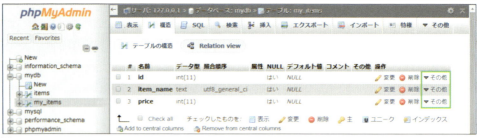

図4-11-4

4 画面が再度表示されたら、画面下の「インデックス」を見てみましょう。
図4-11-5のようにidカラムが「PRIMARY」に設定されていれば完了です。

図4-11-5

156　Chapter 4　データベースの基本を学ぼう

キーの重複はNG

それでは、試しにデータを挿入してみましょう。「SQL」タブをクリックして、次のSQLを実行します。

```
01  INSERT INTO my_items SET id=1, item_name='いちご', price=180;
```

特に今までと変わりがありません。それでは、続けて次のSQLを実行します。

```
01  INSERT INTO my_items SET id=1, item_name='りんご', price=90;
```

すると、次のように表示されてしまいデータは挿入されません。

```
Duplicate entry '1' for key 'PRIMARY'
```

これは、「idカラムが1のデータが重複（Duplicate）しています」という意味。つまり、idカラムに1を指定したデータを入れると、それ以上入れることができなくなるのです。これは、プライマリーキーとして理にかなった動作です。

先の通り、プライマリーキーは各データを確実に特定できる必要があります。そのため、間違えても同じ情報を入れることができてはいけないわけです。プライマリーキーを設定すれば、このような重複チェックを自動的に行ってくれます。

キーには必ず値を設定する

さらに、次のSQLを実行してみましょう。

```
01  INSERT INTO my_items SET id=NULL, item_name='りんご';
```

すると、次のように表示されてしまい、これも挿入されません。

```
#1048 - 列'id'はnullにできません。
```

「NULL（ヌル）」というのは、コンピュータ用語で「何もない」と言った意味で、元はラテン語系の言語です。
ここではidにNULL、つまり何も指定しないデータを挿入しようとしてみました。しかし、これがエラーになります。

chapter
4-11

157

プライマリーキーに設定したカラムは、データがない状態も許されていないのです。このように、非常に厳しい管理下に置かれます。一見面倒に感じますが、このおかげで間違いのないデータ管理が実現できるというわけです。

COLUMN

プライマリーキーを設定するもう1つの方法

本文では、すでにあるテーブルにプライマリーキーを設定しましたが、テーブルを作成するときに一緒に設定することができます。
Chapter 4-3の手順でテーブルを作成し、カラムを設定する時、一番右端に「インデックス」という設定項目があり、このドロップダウンリストの中に「PRIMARY」という選択肢があります（図4-11-6）。これで、プライマリーキーに設定されます。実際にはこちらの方が利用頻度は高いので、覚えておくと良いでしょう。

図4-11-6

Chapter 4-12

オートインクリメント ── さらに便利な自動採番

データベースに記録したいデータが、すでに社員番号や商品コードなど、重複しない番号で管理されているデータであれば特に不便はないものの、そのようなデータが存在しない場合はどうしたらよいでしょうか？ 最も簡単なのは、「1, 2, 3, 4...」と順番に番号をつけていく方法です。ただし、この場合に面倒なのは「次のID番号はなにか」を知る必要があること。例えば、13件のデータが挿入されているテーブルに、新しいデータを挿入したい場合、次のIDは「14」になります。

しかしそのためには、あらかじめ13件データが挿入されていることを確認してからでないと知ることができません。例えば13851件のテーブルの次のID番号をすぐに覚えられるでしょうか？

そこで便利なのが「自動採番」と言われる機能。各データベース製品にさまざまな機能名で存在しており、MySQLでは「オートインクリメント（Auto Increment）」という機能がその役割をしています。

自動採番を設定する

それではこの自動採番の機能を早速使ってみましょう。

1 phpMyAdminで、my_itemsテーブルをクリックし、[構造] タブをクリックします。idカラムの右の方にある「変更」のアイコンをクリックします。

図4-12-1

2 カラムの編集画面に移動したら、右の方にある「A_I」（Auto Incrementの頭文字です）というチェックボックスをチェックし、「保存する」ボタンをクリックします。これで、オートインクリメントが設定されました。

図4-12-2

MEMO
もし、この操作で「#1067 - 'item'へのデフォルト値が無効です。」というエラーが発生した場合は、「デフォルト値」という設定項目を「none」（または「なし」）に設定して、改めて試してみましょう。（または「なし」）に設定して、改めて試してみましょう。

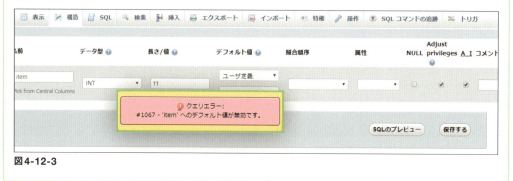

図4-12-3

自動採番機能を使ってみる

1 早速試してみましょう。次のSQLを実行します。

```
01  INSERT INTO my_items SET item_name='りんご', price=90;
```

無事にデータが挿入されました。「表示」タブでデータを確認してみてください（図4-12-4）。idカラムに自動的に「2」などの数字が挿入されています（実際の数字は違うかもしれませんが気にしないでください）。

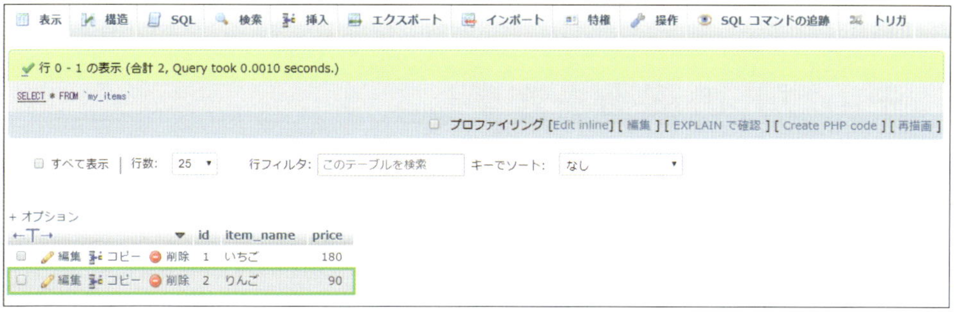

図4-12-4

2 続けて、「item_name」カラムを適当な値に変えながら、どんどん実行してみましょう。

```
INSERT INTO my_items SET item_name='バナナ', price=120;
```

```
INSERT INTO my_items SET item_name='ブルーベリー', price=200;
```

そのつど数字が加算されて挿入されていきます。これでもう採番を気にする必要がなくなります。なお、オートインクリメントはプライマリーキーに設定したカラムにしか利用することができません。

COLUMN

idカラムは永久欠番

例えば、5件のデータがあるテーブルでidが3のレコードを削除したとします。次に、データを挿入した場合、オートインクリメントは空いた「3」のデータを利用するかと思いきや、実際には「6」となります。1度削除したデータは永久欠番となってしまうのです。
これは、ちょっと気持ちが悪かったり、効率が悪いように感じます。しかし、よく考えれば理にかなった動作です。
例えば、携帯電話番号を考えてみましょう。携帯電話番号は当然ながら重複していることはありません。その番号にかければ確実に友達につながることが分かっています。しかし、ある人が解約をした場合、その次に来た全く別のお客様に今空いたばかりの番号を割り振ってしまうと、前の持ち主の友人から間違い電話がどんどんかかってきてしまいます。
これと同じように、データベースでもidを使っていないものから埋めていってしまうと、別のレコードだと思い込んで検索などをしてしまうことがあるのです。
歯抜けのデータは気持ちが悪いかもしれませんが、気にしないでおきましょう。

161

Chapter 4-13

テーブルの構造を変更しよう

テーブルは、カラムを自由に追加したり、削除したりすることができます。ここでは、新たに商品のキーワードを管理するための「keyword」というカラムを追加しましょう。

カラムを追加する

1 phpMyAdminを起動し、my_itemsテーブルの「構造」タブをダブルクリックして表示します。

図4-13-1

2 画面の下にある、「○個のカラムを追加する」のテキストフィールドに「1」と記入します（あらかじめ入っています）。そしてドロップボックスから「priceの後へ」を選択します。

図4-13-2

162　Chapter 4　データベースの基本を学ぼう

3 「実行」ボタンをクリックします。

図 4-13-3

4 すると、テーブルを作成したときと似た画面が表示されます。

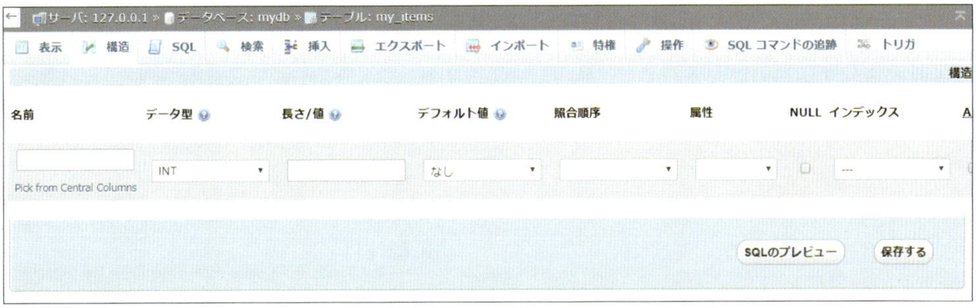

図 4-13-4

5 名前に「keyword」と記入し、データ型は「TEXT」を選びます。「保存する」ボタンをクリックします。

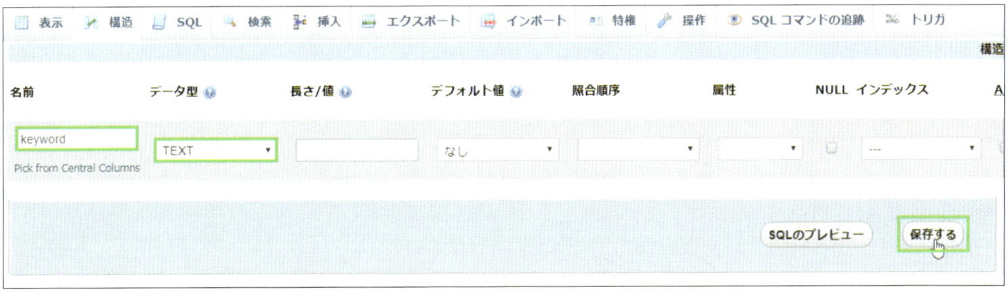

図 4-13-5

これでカラムを増やすことができました。ちなみに、完了画面でSQLを確認すると分かる通り、テーブルの構造を変更するには「ALTER」というSQLを利用しますが、本書では詳しくは解説しません。データベースは常にSQLで操作が行えるということは確認しておきましょう。

Chapter 4-14

条件を指定しよう —— WHERE

検索(SELECT)や変更(UPDATE)、削除(DELETE)ではSQLの最後に「WHERE」に続けて条件文を記述しました。この条件文には、非常に複雑な条件を指定することができます。これによってデータベースは、自由自在な検索などを行うことができるのです。ここでは、その力のすべてを紹介することはできませんが、よく使うものを紹介してみましょう。

準備

本節で紹介するSQLを試すには、いくつかのデータが揃っている必要があります。右のようなデータをあらかじめ挿入してから、本節を読み進めるとよいでしょう。

id	item_name	price	keyword
1	いちご	180	赤い,甘い,ケーキ
2	りんご	90	丸い,赤い,パイ
3	バナナ	120	パック,甘い,黄色
4	ブルーベリー	200	袋入り,青い,眼精疲労

図4-14-1

ヒットする

SQLで検索をしたときに、データを取り出せることをよく「ヒットする」といいます。例えば、あるSQLでデータが3件取り出せた場合には「3件ヒットした」などといいます。本書でも、この後はヒットするという言葉を用いるので、ここで覚えておいてください。

等号・不等号

INT型に等号を使う

SQL内では「INT」型に指定したカラムに、等号や不等号を用いることができます。例えば、すでに何度か紹介している通り、次のSQLは等号を用いています。

```
01  SELECT * FROM my_items WHERE price=180;
```

これで、価格が180円の商品だけを取り出すことができます(図4-14-2)。

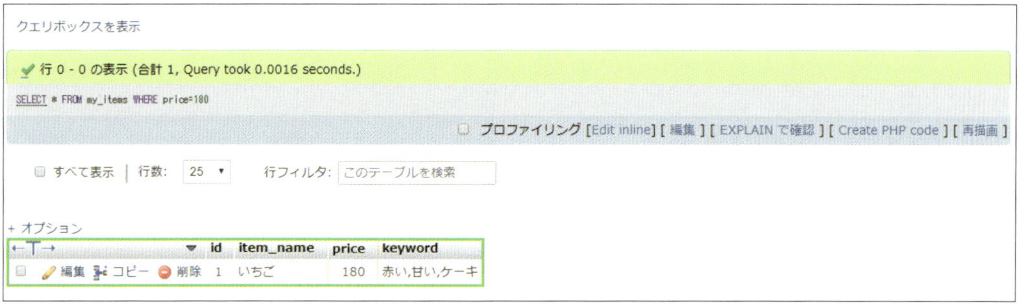

図 4-14-2

「VARCHAR」、「TEXT」型に等号を使う

また、等号だけは「VARCHAR」や「TEXT」型のカラムにも利用できます。

```
01  SELECT * FROM my_items WHERE item_name='いちご';
```

文字を指定するときは、シングルクオーテーションまたはダブルクオーテーションで囲むことを忘れないようにしましょう。

不等号を使う

続いては不等号です。例えば、次のように利用します。

```
01  SELECT * FROM my_items WHERE price<180;
```

これで、価格が180円未満の商品だけを取り出すことができます。つまり180円の商品は含まれません。結果は90円の「りんご」と120円の「バナナ」がヒットしました。その他に次のようなSQLも組み立てることができます。

```
SELECT * FROM my_items WHERE price>180;
➡180円より高価な商品
```

```
SELECT * FROM my_items WHERE price<=180;
➡180円以下の商品
```

```
SELECT * FROM my_items WHERE price>=180;
➡180円以上の商品
```

```
SELECT * FROM my_items WHERE id<>1;
```
➡ IDが1以外の商品（この記号はVARCHAR、TEXT型でも利用できます）

といった具合です。PHPの不等号と似ていますが、等号が「=」1つなのと、「等しくない」を意味する記号が「<>」であることに注意しましょう。

文章の部分検索 LIKE

Webサイト上にはよく「キーワード検索」などの機能があります。入力したキーワードを含んだ文章が検索することができます。このような機能を手作りするとしたらかなり大変です。しかし、データベースにはあらかじめこのような「部分検索」の機能が搭載されているので、簡単に実現することができます。

前後をあいまいにした部分検索

例えば、「keyword」カラムに「甘い」というキーワードが含まれた商品だけを抜き出してみましょう。次のようなSQLになります。

```
01  SELECT * FROM my_items WHERE keyword LIKE '%甘い%';
```

これで、「いちご」と「バナナ」をヒットさせることができました。LIKEは、半角空白に続けて検索したい文字を追加します。このとき、前後に「%（パーセント）」がついていることに注意しましょう。

後ろのみをあいまいにした検索（前方一致）

この％記号が「部分検索」の記号で、この部分にはどんな文字があってもよいという記号になります。例えば次のSQLを試してみましょう。

```
01  SELECT * FROM my_items WHERE keyword LIKE '赤い%';
```

これは「いちご」だけがヒットします。りんごにも「赤い」というキーワードが含まれているのですが、検索条件で「％」が後にしかついていないため、これは「先頭が"赤い"というキーワードを検索する」という条件になっているのです。これを「前方一致」といいます。このように％の位置や数によって、検索条件が細かく変化します。いろいろな検索を試してみるとよいでしょう。

数の検索を組み合わせて使う、AND、OR

複数の条件をすべて満たすデータの検索

例えば「価格が50円以上で、150円未満の商品を探したい」というケースはよくあります。このような場合には、次のようなSQLを作ります。

```
01  SELECT * FROM my_items WHERE price>=50 AND price<150;
```

このように「AND」で複数の条件をつなぐと、その名の通り「かつ」「さらに」といった条件を加えることができます。

複数の条件のどれかを満たすデータの検索

また、「IDが1と3の商品を探したい」という場合には、次のSQLを作ります。

```
01  SELECT * FROM my_items WHERE id=1 OR id=3;
```

ORは、「または」といった条件を加えることができます。これらを「論理演算」などと呼びますが、これらの記号を組み合わせることで複雑条件をどんどん作ることができます。

複雑な条件での検索

例えば、次のSQLはどんな検索をしようとしているか、分かりますか？
少し考えてみてください。

```
01  SELECT * FROM my_items WHERE (id=1 OR id=3) AND price<150 AND keyword LIKE '%
    甘い%';
```

これは「IDが1または3で、150円未満でかつキーワードに「甘い」が含まれる商品」を検索しているのです（次ページ図4-14-3）。
慣れるまでは難しいですが、パズルのように組み立てていきましょう。

図 4-14-3

COLUMN

OR条件を使うときの注意

本文の最後で、ORとANDを組み合わせたSQLを使っていますが、このときは「()」で条件を囲わなければなりません。例えば、次のようなSQLにしてしまうと、正常に動作しなくなります。

```
SELECT * FROM my_items WHERE id=1 OR id=3 AND price<150 AND keyword LIKE '%甘い%';
```

これだと、180円の「いちご」がヒットしてしまいます。条件には「priceが150未満」という条件を加えているのに、正しく検索が行われていません。
この条件分は、ORがあるために次のような条件になってしまっているのです。

```
id=1
OR
id=3 AND price<150 AND keyword LIKE '%甘い%';
```

つまり、IDが1の商品は必ずヒットしてしまいます。そこで、カッコで囲んで正しく条件を組み立てなければなりません。慣れるまではややこしいですが、どのような条件になっているのかをしっかり確認しながら作っていきましょう。

Chapter 4-15

ORDER BY ── データの並び替えで、ランキングも思いのまま

検索結果を思い通りに並べて表示できると、データとしての使い勝手も良くなりますね。SQLではそのような並び替えを行うこともできます。

データを昇順で並べる

例えば、次のようなSQLを実行してみましょう。

```
01  SELECT * FROM my_items;
```

これで、すべてのデータをヒットさせることができます（図4-15-1）。

図4-15-1

このとき、これらのデータはどのような順番で表示されているのでしょうか？
基本的には、idの小さい順（昇順）で並べられていますが、実際にはそうとも限らず、MySQL任せになってしまいます。そこで、データを自由に並び替えるSQLが「ORDER BY」句です。ORDER BYは、次のようにして利用します。

```
01  SELECT * FROM my_items ORDER BY id ASC;
```

これで、確実にidの昇順で並べることができます。

データを降順で並べる

逆に、大きい順（降順）に並べるには、次のように書きます。この結果が図4-15-2です。

```
01  SELECT * FROM my_items ORDER BY id DESC;
```

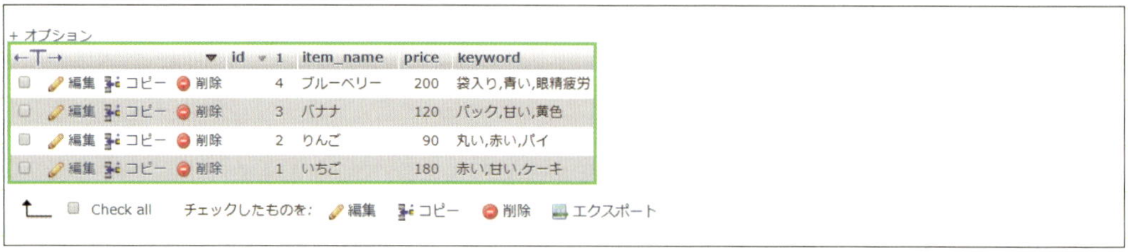

図4-15-2

ASCは「Ascending order」の略、DESCは「Descending order」の略です。標準はASCのため、これは省略することもできます。

```
01  SELECT * FROM my_items ORDER BY id;
```

WHERE句と組み合わせる

WHERE句を使って検索をする場合には、WHEREの後にORDER BYを続けます。例えば、「価格（price）が180円以下の商品を安い順に並べる」という場合には、次のような文を書きます。結果が図4-15-3です。

```
01  SELECT * FROM my_items WHERE price<=180 ORDER BY price;
```

図4-15-3

こうして、検索と並び替えを組み合わせると、データを柔軟に取り出すことができます。

次の項目に進む前に、右のコラムを参考に「sales」カラムを追加しておいてください。

COLUMN

カラムは「相対情報」よりも「絶対情報」で作ろう

ORDER BYなどを使い出すと、本来記録しておきたいデータ以外にも様々な情報が必要になってきます。例えば、ショッピングなどではよくある「売り上げランキング」といったものがあります。このとき、「rank」というINT型のカラムを作成して、図4-15-4のようなデータを作ったとしましょう。これをランキング順に取り出すならこうなります。

id	item_name	price	keyword	rank
1	いちご	180	赤い,甘い,ケーキ	4
2	りんご	90	丸い,赤い,パイ	1
3	バナナ	120	パック,甘い,黄色	3
4	ブルーベリー	200	袋入り,青い,眼精疲労	2

図4-15-4

```
SELECT * FROM my_items ORDER BY rank ASC;
```

これで一見するとうまく機能しているように見えます。しかし、例えばある日、ランキングが変化して4位の「いちご」が2位に上がったとします。しかし、「いちご」のデータの「rank」を2に変えただけでは、うまくいきません。

今まで2位だった「ブルーベリー」と3位だった「バナナ」のデータを、それぞれ3、4に変更しなければならないのです。これでは、メンテナンスが非常に煩雑で、ミスが起こりやすくなるでしょう。

ここでの正解は、「ランキング」という概念ではなく、例えばそのランキングが「売り上げ順」なのであれば「売上数」を、「評価順」なのであれば「点数」を記録するのです。ここでは、売り上げ順として「sales」としましょう。INT型のカラムを追加して図4-15-5のようにデータを作成してみましょう。

なお、先に作った「rank」カラムは削除しています。

id	item_name	price	keyword	sales
1	いちご	180	赤い,甘い,ケーキ	5
2	りんご	90	丸い,赤い,パイ	20
3	バナナ	120	パック,甘い,黄色	16
4	ブルーベリー	200	袋入り,青い,眼精疲労	8

図4-15-5

```
SELECT * FROM my_items ORDER BY sales DESC;
```

「salesが多い順」なので「DESC(降順)」になることに気をつけましょう。これでランキングができました。このとき「いちご」が15個売れたとしましょう。次のSQLを実行します。

```
UPDATE my_items SET sales=20 WHERE id=1;
```

先ほどと同じSQLを実行すると、ランキングが更新されていることが分かります(図4-15-6)。

id	item_name	price	keyword	sales
1	いちご	180	赤い,甘い,ケーキ	20
2	りんご	90	丸い,赤い,パイ	20
3	バナナ	120	パック,甘い,黄色	16
4	ブルーベリー	200	袋入り,青い,眼精疲労	8

図4-15-6

「順位」というのは、その他の情報に比べた位置を示す、いわゆる「相対情報」です。相対情報は、他の情報の変化に応じて変わってしまうため、データベースのカラムとしては好ましい情報ではありません。対する「売上数」や「評価」などは、他の情報とは関連性のない「絶対情報」です。この絶対情報を記録して、その並び替えなどを行うことで相対的な「ランキング」などの情報を作り出せるようにカラムを作るのがポイントです。カラムを作るときに、少し頭においておきましょう。

Chapter 4-16

DATETIME型とTIMESTAMP型

「新着順」や「古い順」といった並び替えはよくあります。本書の例の場合、idカラムの値が新しさと一致するため、これを利用することができました。しかし、データによっては「社員番号」や「ISBN」などのように、必ずしも新しさとは一致しないケースもあるでしょう。
そのような場合には、別途「データを入力した日」を記録しておくとよいでしょう。

入力日用のカラムを作成する

1 phpMyAdminでmy_itemsテーブルを表示し、Chapter 4-13の手順に沿って、1つのカラムを最後に追加し、「created」カラムを「DATETIME」型で作成します。

図4-16-1

2 日付は、決まった書式で挿入しなければなりません。次のように挿入しましょう。

```
01  UPDATE my_items SET created = '2018-01-01' WHERE id=1;
```

これで「2018年1月1日」の日付を挿入することができます。

> **MEMO**
> もし、実際にデータを挿入した日を挿入したい場合は「NOW()」という特別な記述を使うと便利です。
> 次のようにしてみましょう。
>
> ```
> 01  UPDATE my_items SET created = NOW() WHERE id=2;
> ```

変更日用のカラムを作成する

さらに、データを変更した日を基準にしたい場合もあるでしょう。例えば価格が変わったものとか、商品名が変わったものなどのいわゆる「更新日」です。これを記録するにも、「DATETIME」型を使うこともできますが、さらに便利な型に「TIMESTAMP」型というカラムがあります。

1 前ページ**1**の手順に従って、1つのカラムを最後に追加し、「modified」カラムを「TIMESTAMP」型で作成してみましょう。

図4-16-2

2 例えば「バナナ」の「sales」カラムを次のように変更します。

```
01 UPDATE my_items SET sales=18 WHERE id=3;
```

すると、自動的にmodifiedカラムには現在の日時が挿入されます(Fig3)。例えば価格情報を更新したことを常にお知らせしたいとか、作成日よりもデータの更新日の方が重要な場合などに、「TIMESTAMP」型のカラムをうまく活用するとよいでしょう。

図4-16-3

Chapter 4-17

COUNT、SUM、MAX、MIN
── 計算・集計お手の物

データベースは、計算や集計の機能も備えています。この節ではその機能のいくつかを紹介してみます。

値を合計する

次のようなSQLを実行してみましょう。

```
01  SELECT SUM(price) FROM my_items;
```

これで、すべての商品の価格を合計した金額を知ることができます（図4-17-1）。

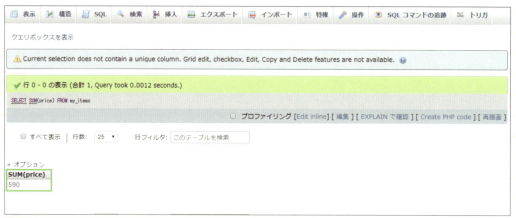

図4-17-1

これだけでは実用的ではありませんが、例えば買物情報を記録したテーブルで、その人の買い物の合計金額を知りたい時や、売上を記録しているテーブルなどで、1年分の売上の合計などを計算するなど、WHERE句と組み合わせれば、様々な計算ができます。

さまざまな算出機能

さらに、それぞれ次のようなSQLを実行してみましょう。

```
SELECT MAX(price) FROM my_items;
➡最も高価な商品を検索することができます
```

```
SELECT MIN(price) FROM my_items;
➡最も低価格な商品を検索することができます
```

```
SELECT COUNT(id) FROM my_items;
➡ヒットしたデータの件数を取り出すことができます
```

```
SELECT AVG(price) FROM my_items;
➡価格の平均を算出することができます
```

例えば、クラスの点数を記録したテーブルから、最高得点のメンバーを算出したり、気温を記録したテーブルから、今年の最低気温を算出したりなど、便利に活用することができます。

Chapter 4-18

データベースの真骨頂、リレーション

データベースで扱う情報量が増えてくると、1つのテーブルでは管理が難しくなります。そのようなとき、複数のテーブルに情報を分けて管理し、必要に応じて組み合わせて使うことで、データの取り扱いがしやすくなります。複数のテーブルを横断してデータを扱うためにテーブル同士を組み合わせる方法を説明します。

生産者のカラムを追加する

例えば前節までで使っていた「my_items」の各商品の、生産者も合わせて管理したいとしましょう。そこで、カラムを1つ追加して図4-18-1のようにしました。ここではまだ実際に操作しなくてOKです。

図 4-18-1

しかし、今度はこの生産者の住所や電話番号なども合わせて管理したくなったらどうしたら良いでしょうか？
カラムをどんどん増やしてしまうと、テーブルが大きくなってしまいます。また、このテーブルでは「いちご」と「バナナ」は、同じ山田さんが生産しています。そのため、同じ住所や電話番号が何度も入ることになってしまって、非効率です。

生産者用のテーブルを作る

このような場合は、無理に1つのテーブルで管理しようとせず、テーブルを分けて管理します。次の手順で作業しましょう。

1 phpMyAdminを起動して、「mydb」をクリックし、テーブルの作成で「makers」と指定、カラム数に「4」と指定して［実行］ボタンをクリックします。

図4-18-2

2 各カラムを図4-18-3のように設定して、「id」をプライマリーキー、オートインクリメントに設定します。「保存する」ボタンをクリックします。

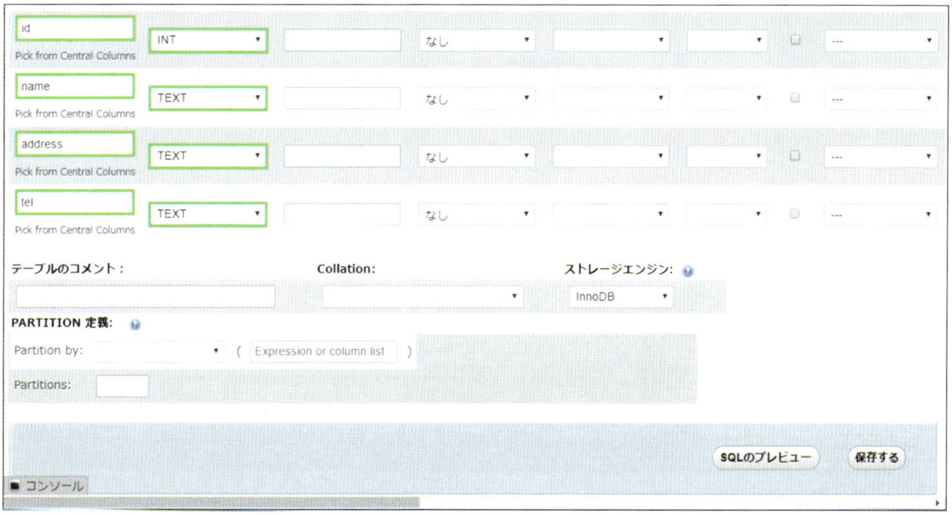

図4-18-3

3 テーブルの構造画面に戻るので、上部のタブから「SQL」を選んで入力画面にします。次のSQLを実行して、データを挿入します。

```
01  INSERT INTO makers SET name='山田さん', address='東京都港区', tel='000-111-2222';
02  INSERT INTO makers SET name='斉藤さん', address='北海道小樽市', tel='111-222-3333';
03  INSERT INTO makers SET name='川上さん', address='神奈川県横浜市', tel='222-333-4444';
```

テーブルを結びつけるカラムを作る

こうして、生産者を別のテーブルで管理するようにしたら、my_itemsテーブルにはmakersテーブルのどのレコードに対応しているかさえ記録しておけば、照合することができます。そこで、my_itemsテーブルを次のように変更しましょう。

1 phpMyAdminでmy_itemsテーブルの構造を表示し、カラム（フィールド）追加で「1つのフィールドを、IDカラムの後」と指定して追加します。

図4-18-4

❷ 図4-18-5のように設定をして「保存する」ボタンをクリックします。

図4-18-5

❸ 図4-18-6を参考にしながら、my_itemsテーブルにmaker_idを設定していきます。

図4-18-6

これで、設定は完了です。なお、my_itemsテーブルのmakerカラムは削除しました。こうして、テーブルを分けて管理すれば効率良く管理することができます。

複数のテーブルを横断して検索する

では、この状態で「いちごの生産者」を知るにはどうしたら良いでしょう？ このとき、通常の手順としては次のようになります。

❶ 次のSQLを発行して商品1の情報を取り出します。

```
01  SELECT maker_id FROM my_items WHERE id=1;
```

❷ このデータの「maker_id」を見て、1であることを知ります。

❸ 次のSQLを発行して、生産者の情報を検索します。

```
01  SELECT * FROM makers where id=1;
```

❹ こうして、山田さんであることを知ることができます（図4-18-7）。

図4-18-7

しかし、これでは非常に効率が悪いです。そこで、データベースには非常に便利な機能があります。それがリレーションです。

リレーションを使う

「Relation（関連性）」といった意味のこの機能は、複数のテーブルをその関連性からつないで1つのテーブルのようにして扱うことができるという、非常に便利な機能です。

❶ まずは実際に使ってみましょう。次のようなSQLを実行します。

```
01  SELECT * FROM makers, my_items WHERE my_items.id=1 AND makers.id=my_items.maker_id;
```

❷ この、少し長いSQLを実行すると、一発で生産者の名前や住所、電話番号が商品情報と共に閲覧できます。

図4-18-8

❸ さらには、次のSQLを実行してみましょう。

```
01  SELECT * FROM makers, my_items WHERE makers.id=my_items.maker_id;
```

これで、すべての商品とその生産者の情報が一気に表示できるのです（図4-18-9）。

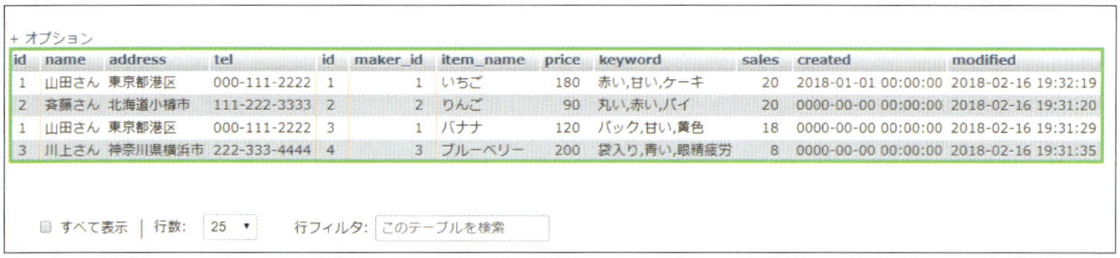

図4-18-9

2つのテーブルに分けた情報が、あたかも1つのテーブルで管理されているかのように関連付けて表示される、これが「リレーション」です。

ポイントとなるのはFROM句。ここには、テーブルをカンマ区切りでいくつでも指定することができます。このようにすると、複数のテーブルからデータを一括して取り出すことができます。

WHERE句でリレーションを張る

ただし、複数のテーブルを指定した場合は、必ずキーとなるカラムを使って結びつけなければなりません。それが、WHERE句にある次の記述です。

```
01  ... AND makers.id=my_items.maker_id
```

これは、「makerテーブルのidとmy_itemsテーブルのmaker_idが一致したデータを検索する」という意味。テーブル名に続いて.（ドット）でつないでカラム名を記述します。ここでは、my_itemsテーブルに記録されている「maker_id」というカラム（my_items.maker_id）を元に、makersテーブルの「id」カラムと情報（makers.id）を照合して引き出したいので、

```
01  makers.id=my_items.maker_id
```

となるわけです。もちろん、その他の条件を加えることもできますが、条件にもテーブル名を付加する必要があります。もしこれを忘れてしまうと、次のようなエラーメッセージが表示されてしまいます。

```
# 1052 - 列'id'はwhere clause内で曖昧です。
```

これは、「idというカラムが、my_itemsのidなのか、makersのidなのか見分けがつかない」という意味。同じ名前のカラムが複数あるため、どちらのidが対象なのかを示す必要があるというわけです。もし、同名のカラムがない場合には省略することができますが、念のため常に付ける癖をつけた方が良いでしょう。

このように複数のテーブルをつないでデータを検索することを「リレーションを張る」などといいます。

COLUMN

テーブル名のショートカット

リレーションを張るSQLの場合、テーブル名を毎回指定しなければならないため、SQLが長くなりがちです。そこで、次のようにしてテーブル名を短くすることができます。

```
01  SELECT * FROM makers m, my_items i WHERE i.id=1 AND m.id=i.maker_id;
```

このように指定すれば、makersをm、my_itemsをiと指定することができます。もちろん、m、iなどでなくても好きな名前で構いません。見分けがつけやすく、短い名前をつけると良いでしょう。

Chapter 4-19

GROUP BY —— 複雑な集計

個数のカウントや値の集計などの方法はLECTURE2-3.5で紹介しましたが、扱うデータが多くなってくると、ある項目ごとにこういった計算を行いたいことも出てくるでしょう。この項目では、項目ごとに計算を行うための方法を説明します。

購入履歴を管理するテーブルを作る

1 今度は、各商品に対して、購入された履歴を記録できるテーブルを作りましょう。
右のような「carts」というテーブルを作成します。次の手順に従います。

カラム名	型	補足
id	INT	PRIMARY KEY, AUTO_INCREMENT
item_id	INT	
count	INT	

2 phpMyAdmin を起動して、「mydb」を選び、新規に「carts」という名前の3つのカラムを持つテーブルを作ります。

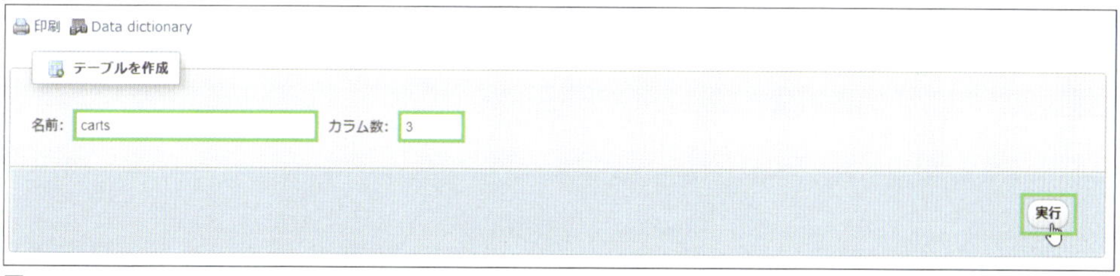

図 4-19-1

3 図 4-19-2 に従って各カラムを設定し、ID カラムは<u>プライマリーキー</u>、<u>オートインクリメント</u>をそれぞれ設定します。

図 4-19-2

図4-19-3のようなデータを挿入しておきます。

図4-19-3

数字しか挿入されていない簡素なテーブルですが、前節で紹介した「リレーション」を前提としたテーブルになっています。「item_id」カラムに入っている数字は「my_items」テーブルの「id」と一致しており、これによってどの商品がいくつ売れたかが分かります。

「my_items」テーブルとリレーションを張る

試しに次のようにリレーションを張って、商品名を表示させてみましょう。

```
01  SELECT my_items.item_name, carts.count FROM my_items, carts WHERE my_items.id=carts.item_id;
```

図4-19-4のようになります。

図4-19-4

商品の購入数を算出する

さて、Chapter 4-17で「SUM」という合計数を計算するSQLを紹介しました。これを利用すれば、全部で商品をいくつ販売したかは分かります。

```
01  SELECT SUM(count) FROM carts;
```

結果は図4-19-5のようになります。   **図4-19-5**

商品ごとの購入数を算出する

しかし、これでは「全部で何個販売したか」までは分かりますが、いちごが何個でバナナがいくつなのかは分かりません。このような「〇〇ごとの集計」を行うのは「GROUP BY」句です。

```
01  SELECT item_id, SUM(count) FROM carts GROUP BY item_id;
```

結果は図4-19-6のようになります。

item_id	SUM(count)
1	10
2	3
3	3

図4-19-6

注意したいのは、最後にGROUP BY句が付加されているのは当然ながら、カラムに「item_id」が追加されていることです。これがないと、図4-19-7のようになってしまい、結局どの商品の結果なのかが分からないためです。

SUM(count)
10
3
3

図4-19-7

商品名を結果に表示する

もっと分かりやすい結果にするためには、リレーションを使って「my_items」の「item_name」を引っ張ってくると良いでしょう。次のSQLを書きます。

```
01  SELECT i.item_name, SUM(c.count) FROM my_items i, carts c WHERE i.id=c.item_
    id GROUP BY c.item_id;
```

こうして、my_itemsとcartsがお互いの商品IDで結合され、商品名と売れた個数が表示されるようになりました。

item_name	SUM(c.count)
いちご	10
りんご	3
バナナ	3

図4-19-8

Chapter 4-20

LEFT JOIN、RIGHT JOIN —— 外部結合

ここまでの学習で、リレーションを張れば複数のテーブルからデータを取り出せることが分かりました。しかし、実はこの方法では、取り出せないデータもあるのです。テーブルを結合する方法を変えることで、片方のテーブルには存在しないデータでも、結果に表示させることができるようになります。

値が0のデータは表示されない

例えば、carts テーブルが図4-20-1のような状態だったとしましょう。つまり、「バナナ」がまだ1つも売れていない状態です。

id	item_id	count
1	1	5
2	2	3
4	1	3
6	1	2

図 4-20-1

この状態で、前節のSQLを試してみましょう。

```
01  SELECT i.item_name, SUM(c.count) FROM my_items i, carts c WHERE i.id=c.item_id GROUP BY i.id;
```

すると、図4-20-2のようにバナナのことは、全く表示されなくなってしまいました。

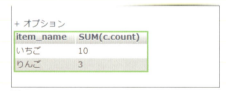

図 4-20-2

このとき「バナナは0個である」ということが分かるようにするにはどうしたら良いでしょうか？
それには「外部結合」を利用します。

外部結合

ここまでで紹介した結合は「内部結合」といい、両方のテーブルにデータが存在していないと、結合されずにデータは出てこなくなります。外部結合では、一方のテーブルにさえデータがあれば、必ず表示されるというリレーションを作ることができます。次のようなSQLを試してみましょう。

```
01  SELECT i.item_name, SUM(count) FROM my_items i LEFT JOIN carts c ON i.id=c.
    item_id GROUP BY i.id;
```

これで、図4-20-3のようにバナナとブルーベリーも表示されるようになりました。

item_name	SUM(count)
いちご	10
りんご	3
バナナ	NULL
ブルーベリー	NULL

図 4-20-3

外部結合の使い方

外部結合には「LEFT JOIN ... ON」を利用します。少しややこしいですが、次のような書式になります。

書式「LEFT JOIN ... ON」の利用方法

```
SELECT ... FROM テーブル1 LEFT JOIN テーブル2 ON 結合の条件 WHERE ...
```

「テーブル1」で指定したテーブルがメインとなり、このテーブルのデータは必ず全て表示されます。その上で「テーブル2」で指定したテーブル内のデータがあれば、それも合わせて表示されるという具合です。同じように、右側のテーブルの方が基準となる「RIGHT JOIN」もありますが、基本的には「LEFT JOIN」さえ覚えておけば大抵のSQLは組み立てることができます。

COLUMN

内部結合はINNER JOIN

本文で外部結合になると、突然SQLの構文が変わってしまいました。しかし、実はこれは本書で「内部結合」を説明するときに、簡単な書式を紹介してしまったためで、本当は内部結合の正確な書式は次のようになります。

```
SELECT ... FROM テーブル1 INNER JOIN テーブル2 ON 結合の条件... WHERE ...
```

LEFT JOINとほとんど同じで「LEFT」の部分が「INNER」に変わっているだけです。そのため、実際にはこれを使って記述しても構わないのですが、書式が少し冗長でSQLが複雑になりがちなため、本文ではカンマ区切りの簡単な書式を紹介しました。外部結合を使う機会はそれほど多くないため、使うときにだけこの「LEFT JOIN ... ON」を攻略できればよいでしょう。

Chapter 4-21

DISTINCT、BETWEEN、IN、LIMIT ── その他の便利なSQL

最後に、少し小粒なSQLをいくつか紹介しましょう。

DISTINCT ── 重複をなくす

例えば、いくつも同じデータが出てくるカラムを、重複をなくした状態で閲覧したい場合には「DISTINCT」を利用します。

まず次のSQLを試してみましょう。普通のSQLです。

```
01  SELECT item_id FROM carts;
```

図4-21-1のように同じデータが何度も登場します。

図4-21-1

これを次のように変更しましょう。

```
01  SELECT DISTINCT item_id FROM carts;
```

すると、図4-21-2のように重複がなくなりました。

図4-21-2

BETWEEN ── 間を示す

Chapter 4-14で、価格で商品を絞り込むSQLとして、次のSQLを紹介しました。

```
01    SELECT * FROM my_items WHERE price>=50 AND price<150;
```

このSQLは、「BETWEEN」を使って次のように書くこともできます。

```
01    SELECT * FROM my_items WHERE price BETWEEN 50 AND 149;
```

図4-21-3のように表示されます。カラム名を何度も書かずに済む上、理解しやすいSQLになるので便利です。状況に合わせて使い分けましょう。

図4-21-3

IN ── 複数の値を一気に指定する

```
01    SELECT * FROM my_items WHERE id=1 OR id=3;
```

しかし、これが何個も続くとちょっと面倒です。そこで、同じカラムに対して複数の値を一気に指定できる「IN」を使うと良いでしょう。

```
01    SELECT * FROM my_items WHERE id IN (1, 3);
```

図4-21-4のような結果になります。番号が飛び飛びのデータを取り出すときなどに便利です。

図4-21-4

LIMIT ── 件数を制限する

何万件もあるようなテーブルの場合、検索をする度にたくさんの結果が表示されてしまいます。そんなときは「LIMIT」を使って件数を制限することができます。

```
01  SELECT * FROM carts LIMIT 2;
```

図4-21-5のように、2件だけが表示されます。

図4-21-5

さらに、以下のようにカンマ区切りにすることで始まりの位置を指定することもできます。

```
01  SELECT * FROM carts LIMIT 1, 2;
```

結果は図4-21-6のようになります。

図4-21-6

LIMIT文は、次のような書式で書きます。

書式

```
...LIMIT 開始位置, 件数
```

少しややこしいのは「開始位置」は0から始まるため、0が1件目、1が2件目と数えること。前記のSQLでは「2件目から2件を表示する」という意味になります。

AS ── カラムに別名をつける

例えば次のSQLを実行した場合を考えます。

```
01  SELECT i.item_name, SUM(c.count) FROM my_items i, carts c WHERE i.id=c.item_id GROUP BY c.item_id;
```

図4-21-7のように、販売数の合計部分のカラム名は「SUM（c.count）」という名前になります。

図4-21-7

このままでは、何の結果なのかが分かりにくいため、これに別名を付けることができます。次のように変更しましょう。

```
01  SELECT i.item_name, SUM(c.count) AS sales_count FROM my_items i, carts c WHERE i.id=c.item_id GROUP BY c.item_id;
```

図4-21-8のように、カラム名が付けられました。これで分かりやすくなりますね。

図4-21-8

COLUMN

応用：3つのテーブルのリレーション

最後に、ここまでで作成したmakers、my_items、cartsのそれぞれのテーブルをつなぎ合わせて、「商品の販売状況を多い順に、生産者、商品名とともに表示する」というSQLを組み立ててみましょう。このためには、メーカー名をmakersから、商品名をitemsから、そして販売状況をcartsの集計からと、3つのテーブルから一気に取り出す必要があります。この場合、次のようなSQLになります。

```
01  SELECT m.name, i.item_name, SUM(c.count) AS sales_count FROM makers m,
    my_items i LEFT JOIN carts c ON i.id=c.item_id WHERE m.id=i.maker_id
    GROUP BY c.item_id ORDER BY sales_count DESC;
```

図4-21-9のような結果になりました。

name	item_name	sales_count
山田さん	いちご	10
斉藤さん	りんご	3
山田さん	バナナ	NULL

図4-21-9

かなり複雑なSQLなので、少し改行などを入れて整理してみましょう。

```
01  SELECT          …1
02      m.name,
03      i.item_name,
04      SUM(c.count) AS sales_count
05  FROM            …2
06      makers m,
07      my_items i LEFT JOIN carts c ON i.id=c.item_id
08  WHERE           …3
09      m.id=i.maker_id
10  GROUP BY        …4
11      c.item_id
12  ORDER BY        …5
13      sales_count DESC;
```

まずは1、ここでは各テーブルから必要なデータを指定しています。販売数を表す「SUM(c.count)」には別名として「sales_count」を付加しています。

次に2、ここでは、my_itemsとcartsは外部結合によってリレーションを張っています。これによって、1つも売れていない商品も表示されるようになります。

3は、今度はmakersとmy_itemsの内部結合です。その他の条件は特に指定していません。

4は1の「SUM(c.count)」を正しく集計するために、「商品ごとの」という条件を指定している箇所ですね。最後に5で「販売数（sales_count）が多い順（DESC）」に並び替えています。1で「AS」を使って付けた別名は、SQL文内の他の箇所でこのように使うことができるのです。

このようにSQLは、かなり複雑な検索条件を作り出すことができます。慣れるまでは大変ですが、ぜひいろいろな検索やリレーションを試して慣れてみてください。

Chapter 4-22

バックアップとリストア

データベースは、当然ながらハードディスクに記録されていきます。ハードディスクはいつか必ず壊れる「消耗品」なので、データベースも他のファイルと同様にバックアップをとらなければなりません。ただ、MySQLはデータベースのデータ群を特別なファイル構成で記録しているため、単にハードディスクの内容を記録しているだけでは、リストア(復旧)は非常に難しくなります。MySQLが決めた手順でバックアップするようにしましょう。次の手順で行います。

バックアップ

1 phpMyAdminを起動して、左側から「mydb」を選びます。画面上部のタブで「エクスポート」を選びます。

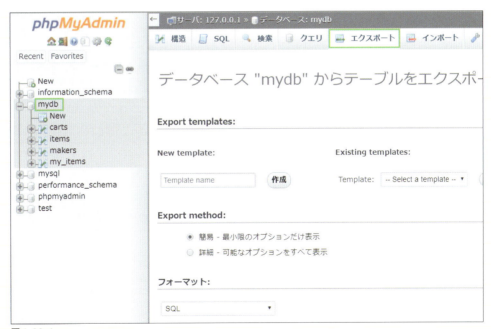

図4-22-1

2 「詳細」のラジオボタンをクリックし、「出力」の項目で「出力をファイルに保存する」をクリックします。画面下の「実行」ボタンをクリックすると、テキストファイルがダウンロードされます。このテキストファイルがバックアップファイルとなります。大切に保管しておきましょう。

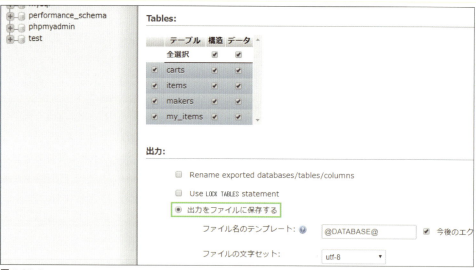

図 4-22-2

リストア

1. それでは、このバックアップファイルを保持した状態で「mydb」というデータベースが壊れてしまったと想定します。mydb を削除しましょう。phpMyAdmin を起動して、左側から「mydb」を選びます。上部のタブで「操作」を選んで「データベースを削除する(DROP)」を選び(図 4-22-3)、確認画面でも「はい」をクリックします。これで、mydb が削除されました。

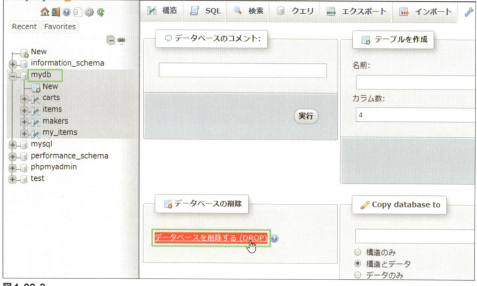

図 4-22-3

194　Chapter 4　データベースの基本を学ぼう

2 続いてリストアをしましょう。次の手順で行います。
はじめにデータベーススペースを手作業で作成します。phpMyAdmin を起動したら上部のタブから「データベース」を選んで「データベースを作成する」の欄で作成します。「mydb」という名前をつけて、照合順序を「utf8mb4_general_ci」を選び、「作成」ボタンをクリックします。

図 4-22-4

3 左側のデータベースリストから「mydb」を選んで、上部のタブから「インポート」を選びます。

図 4-22-5

4 次ページ図 4-22-6 の上部で「ファイルを選択（Choose file）」ボタンをクリックして、保存しておいたバックアップファイルを指定し、「ファイルの文字セット」を「utf-8」にあわせ、「実行する」ボタンをクリックします。
これで、データがリストアされ、引き続き利用することができます。注意するのは、データベーススペースは手作業で作成しなければならないという点。実際に運用しているデータベースは、定期的にバックアップをして、万が一のときはリストアができるようにしておきましょう。

195

図4-22-6

COLUMN

サイズの大きなバックアップファイル

データベースが非常に大きくなると、バックアップファイルも大きなサイズとなります。
phpMyAdminでは、バージョンや環境によって異なりますが、扱える限界サイズがあり、それ以上のテキストファイルはリストアすることができません。
このような場合は、「UNIXコマンド」を使って復旧しなければなりません。これは、UNIXなどの知識やSSHなどの知識が必要となってしまうため、本書では解説を省きます。サーバー管理者やレンタルサーバー業者などに相談をして、リストアしてもらうようにすると良いでしょう。

COLUMN

奥深いデータベースの世界

本書では、データベースの基本的な部分を紹介しました。しかし、データベースの世界はまだまだ始まったばかり。実際には、とてつもなく奥の深い世界です。
その知識は、IT国家資格として「テクニカルエンジニア(データベース)試験」というものがあるほど。
また、MicrosoftやOracle等のメーカーも、独自の資格制度を持っていて、例えば「Oracle Master」というOracle社認定の資格を持っていれば、システム開発会社によっては就職や給与などに有利になるほどです。
非常に難しく、また面白い世界なので、興味があればぜひ専門書やスクールなどで勉強をしてみると良いでしょう。

Chapter 5

PHP＋DBで本格的なWebシステムを作ろう

ここまでで、プログラムの基本的な考え方、PHPの基礎とデータベースの基本までが理解できました。ここからはいよいよ、これらの知識を組み合わせて実践的なプログラム開発を進めていきましょう。このChapterでは、メモの管理システムを作っていきます。解説のスピードも上がっていくので、分からなくなったらChapter 4までを復習しながら読み進めていきましょう。

Chapter 5-1

プロジェクトの準備

まずは、システムを作っていくのに必要なテーブルやファイルの準備をしておきましょう。
Chapter 2-3で作成したデータベーススペースも使っていきます。

テーブルの用意

ここでは、Chapter 4で準備した「makers」「my_items」「carts」テーブルを備えた「mydb」というデータベーススペースを用います。もし、まだ準備していない場合はあらかじめ準備しておいてください。

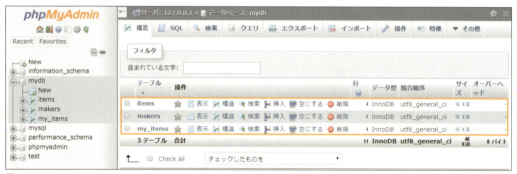

図5-1-1

作業フォルダに準備

MAMPやXAMPPのドキュメントルートフォルダを開きます。そして、新しいフォルダ「memo」を作成しておきましょう。

図5-1-2

「memo」フォルダの中に「index.php」という
ファイルを作成して、まずは「トップページです」
と記述しておきます。下記のURLにアクセスを
してみて、正常にその内容が表示されたら設定完
了です（図5-1-3）。

図5-1-3

・**XAMPPの場合**
　http://localhost/memo/
・**MAMPの場合**
　http://localhost:8888/memo/

もし、「ファイルがみつかりません」といったエ
ラーが表示されたら、Chapter 2などを参考に環
境を見直してみてください。

Chapter 5ではこのあと、Chapter 3で使ったものと同じテンプレートを使っていきます（P.033参照）。
紙面で掲載する画像はCSSでスタイルもつけています。ダウンロードファイルにも含まれていますの
で、これを使いながら学習を進めてください。

・**テンプレートファイルの場所**
　ダウンロードファイル → chapter5 → templatefile

chapter5/templatefile/index.phpより抜粋

```
01  <!doctype html>
02  …
03  <body>
04  …
05  <h2>Practice</h2>
06  <pre>
07  <?php
08  /*  ここに、PHPのプログラムを記述します  */
09  ?>
10  </pre>
11  …
12  </html>
```

199

Chapter 5-2

PDO —— MySQLに接続する

PHPからMySQLに接続する方法はいくつかありますが、一般的な方法は「PHP Data Object（PDO）」オブジェクトを利用する方法です。ここでは、PDOを利用してXAMPP/MAMPのMySQLに接続してみましょう。

PDOオブジェクトを作成する

まずは、上で説明したPDOオブジェクトを利用するために次のようなパラメーターを指定してデータベースオブジェクトのインスタンスを作成します。

書式 データベースオブジェクトの作成

```
データベースオブジェクトのインスタンス = new PDO(データソース名, ユーザー名, パスワード, オプション);
```

「データソース名」というのは、データベースそれぞれの接続文字列です。PDOオブジェクトでは、MySQL以外にもさまざまなデータベースに接続することができます。また、データベースサーバーが離れたサーバーにある場合なども想定されるため、その環境に合った接続文字列を指定します。XAMPP/MAMPのように、PHPと同じサーバー上にMySQLが起動している場合は、次のような文字列になります。

書式 データソース名の例

```
mysql:dbname=データベース名;host=127.0.0.1;charset=utf
```

ここでは、データベース名は「mydb」です。次に指定している「host」はデータベースのアドレスです。今回は同じサーバー上にデータベースがあるので、自分自身を示す「127.0.0.1」を指定します。最後に「charset」としてデータベースとやりとりする際の文字コードを指定します。P.199で作成した「index.php」にbody要素を作り、その中を次のように変更しましょう。

index.php

```
01  <h2>Practice</h2>
02  <pre>
03  <?php
04  try {
05      $db = new PDO('mysql:dbname=mydb;host=127.0.0.1;charset=utf8', 'root',
    '');        ── MAMPでは'root'とします
```

```
06  } catch (PDOException $e) {
07      echo 'DB接続エラー： ' . $e->getMessage();
08  }
09  ?>
10  </pre>
```

「try」の中でデータベースへの接続をします。2番目のパラメーターと、3番目のパラメーターはデータベースのユーザー名とパスワードです。

ここで使用したtryは、「例外処理」と言われる書き方です。catchと一緒に使います。データベースへの接続など、うまくいかなかったときに必ずエラーを表示させたい場合に使います。

書式 try~catchを使った例外処理

```
01  try {
02     行いたい処理
03  } catch(エラークラス エラーのインスタンスを入れる変数) {
04     tryの処理ができなかった場合の処理
05  }
```

データベースには、セキュリティを確保するためにパスワードが設定されていることがあります。レンタルサーバーなどの場合は、自分で設定できる場合とあらかじめ設定されている場合があります。その場合は、設定通知書や「マイページ」のようなページに記載があるので、確認しておきましょう。XAMPP/MAMPの場合は、表のような設定になっています。上のプログラムは、XAMPPの例なのでMAMPの場合は3番目のパラメーターにも「root」と設定しましょう。

ホスト名	localhost
ユーザ名	root
パスワード	なし

XAMPPの場合

ホスト名	localhost
ユーザ名	root
パスワード	root

MAMPの場合

この状態でWebブラウザで表示して、エラーメッセージが表示されていなければ、接続が完了です。図のようなエラーメッセージなどが表示される場合は、パラメーターが間違えているため見直しましょう。なお、ここではメッセージを表示させるためechoを使っていますが、print（P.032参照）と動きは変わりません。

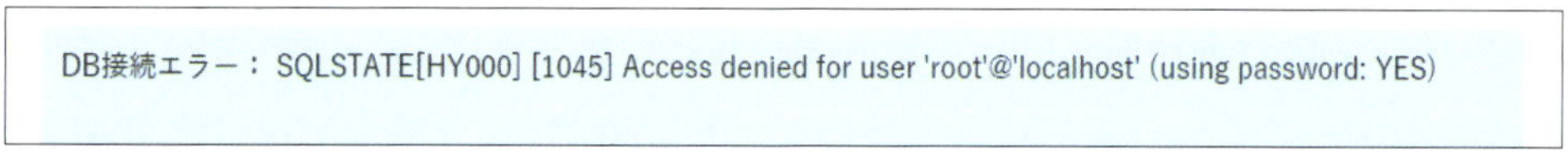

DB接続エラー： SQLSTATE[HY000] [1045] Access denied for user 'root'@'localhost' (using password: YES)

図5-2-1

MEMO

MAMPで「SQLSTATE[HY000] [2002] Connection refused」というエラーが出る場合は、データソースの「127.0.0.1」を「localhost」と変更してみてください。

exec ── SQLを実行する

作成したPDOオブジェクトで、SQL文を実行する場合は「exec」メソッドを使います。データベースに接続ができたら、index.phpに次のように追加してみましょう。

index.php

```php
<?php
try {
    $db = new PDO('mysql:dbname=mydb;host=127.0.0.1;charset=utf8', 'root', '');
} catch (PDOException $e) {
    echo 'DB接続エラー： ' . $e->getMessage();
}

$count = $db->exec('INSERT INTO my_items SET maker_id=1, item_name="もも", price=210, keyword="缶詰,ピンク,甘い", sales=0, created="2018-01-23", modified="2018-01-23"');
echo $count . '件のデータを挿入しました';
?>
```

このプログラムを実行すると、図5-2-2のようなメッセージが表示されます。

また、phpMyAdminで「my_items」テーブルを表示してみると、今挿入した「もも」という商品が追加されているはずです（図5-2-3）。

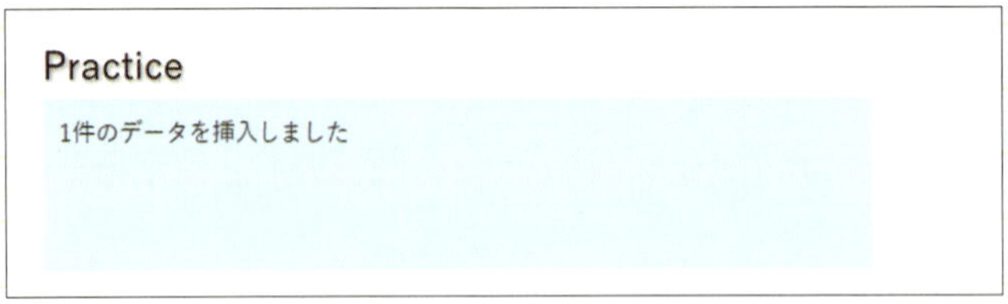

Practice

1件のデータを挿入しました

図5-2-2

id	maker_id	item_name	price	keyword	sales	created	modified
1	1	いちご	180	赤い,甘い,ケーキ	20	2018-01-01 00:00:00	2018-02-16 19:32:19
2	2	りんご	90	丸い,赤い,パイ	20	0000-00-00 00:00:00	2018-02-16 19:31:20
3	1	バナナ	120	パック,甘い,黄色	18	0000-00-00 00:00:00	2018-02-16 19:31:29
4	3	ブルーベリー	200	袋入り,青い,眼精疲労	8	0000-00-00 00:00:00	2018-02-16 19:31:35
6	1	もも	210	缶詰,ピンク,甘い	0	2018-01-23 00:00:00	2018-01-23 00:00:00

図5-2-3

execメソッドは、接続しているデータベースでSQLを実行するメソッドです。
INSERTやUPDATE、DELETEといったSQLを実行することができます（SELECTはこの後紹介する「query」メソッドを使います）。

実行すると実行した行数を得ることができます。SQL文は文字列なのでクオーテーション記号で囲む必要がありますが、SQL内でもクオーテーション記号を使うことが多くあります。そのため、ここを別々の記号にしておくと良いでしょう。

先の例では、SQL全体をシングルクオーテーション(')で囲み、SQL内はダブルクオーテーション(")で囲みました。次のように、同じ記号を使ってしまうとエラーとなります。

```
01  $count = $db->exec("INSERT INTO my_items SET maker_id=1, item_name="もも
    "...");
```

COLUMN

INSERT以外のSQLを実行してみよう

execメソッドでは、その他のSQLも実行できます。本文で挿入したデータのIDを使って試してみましょう(ここでは、6と仮定します)。

● UPDATE（更新）

```
01  $count = $db->exec('UPDATE my_items SET item_name="白桃" WHERE id=6');
02  echo $count . '件変更しました';
```

これで、phpMyAdminを確認すると、「もも」が「白桃」に変わっていることが確認できます。

● DELETE（削除）

```
01  $count = $db->exec('DELETE FROM my_items WHERE id=6');
02  echo $count . '件削除しました';
```

これで、挿入したデータが削除されています。確認できたら、P.202のプログラムで、再度「もも」を追加しておきましょう。

Chapter 5-3

query ── SELECT SQLを実行する

データを取得するSELECT SQLを実行する場合は`query`メソッドを使います。

商品一覧を取得する

Chapter 5-2で挿入した「もも」という商品を、今度は「SELECT」文で取得してみましょう。
SELECT文を実行する場合は「query」メソッドを使います。Chapter 5-2の「exec」とは戻り値が異なります。「exec」の場合は「データが変更された行数」を取得するのに対し、今回の「query」メソッドは「問い合わせ結果」を取得することができます。それでは使っていきましょう。

index.php

```php
<?php
try {
    $db = new PDO('mysql:dbname=mydb;host=127.0.0.1;charset=utf8', 'root', '');
} catch (PDOException $e) {
    echo 'DB接続エラー： ' . $e->getMessage();
}

$records = $db->query('SELECT * FROM my_items');
while ($record = $records->fetch()) {
    print($record['item_name'] . "\n");
}
?>
```

すると、画面には商品の名前が表示されます。

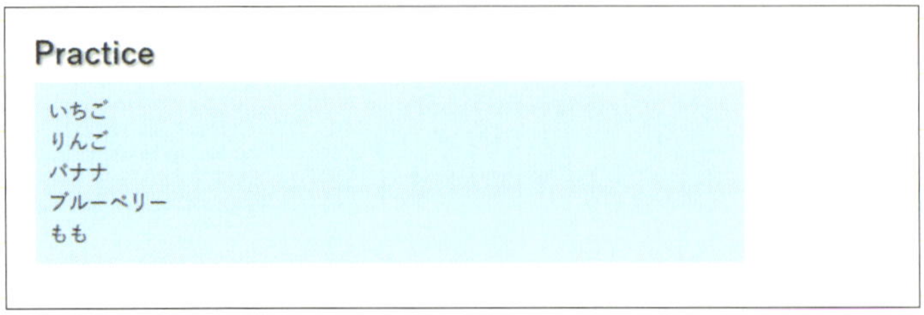

Practice
いちご
りんご
バナナ
ブルーベリー
もも

図 5-3-1

レコードを取り出す —— fetch

queryメソッドを実行すると、「PDO Statement」オブジェクトという特殊なオブジェクトの形式で結果が取得できます。先のプログラムでは、「$db->query('SELECT * FROM my_items');」の戻り値として、my_itemsのすべてのレコードが$recordsに代入されています。このオブジェクトから、各データを取り出すには、次のように「fetch」メソッドを使います。

```
$record = $records->fetch();
```

これにより、$recordsという変数から1行のレコードを取得して「$record」変数に代入します。何度もfetchメソッドを呼び出すと、次の行、次の行…と取り出すレコードが変わり、レコードがなくなったら「false」を得られます。
このしくみを利用すると、while文（Chapter 3-6参照）を使ってレコードを取り出していくことができます。条件に指定している「$record = $records->fetch();」がfalseになるまで、つまり最後のレコードを取り出すまで繰り返します。

```
while ($record = $records->fetch()) {
    ...
}
```

そして、「$record」変数はさらに連想配列（Chapter 3-9参照）として各カラムの内容を取り出すことができます。例えば、以下の場合は「item_name」カラム、つまり商品名を表示します。

```
print($record['item_name']);
```

他にも、my_itemsテーブルの各カラムは、次のようにして取得できます。

```
$record['id']: ID
$record['maker_id']: メーカーID
$record['item_name']: 商品名
$record['price']: 価格
$record['seles']: 販売数
```

COLUMN

COUNTなどで計算した値をキーにするには

queryメソッドで取り出したレコードは、「`$record['item_name']`」などのように、カラム名をそのまま連想配列のキーとして利用できます。それでは、例えば次のようなSQLの場合は、どのようにキーを指定したら良いでしょうか？

```
01 $records = $db->query('SELECT COUNT(*) FROM my_items');
```

この場合、「`COUNT(*)`」という部分が、そのまま配列キーになります。

```
01 $records = $db->query('SELECT COUNT(*) FROM my_items');
02 $record = $records->fetch();
03 print('件数は、' . $record['COUNT(*)'] . '件です');
```

しかし、これではちょっとスマートさに欠けるので、SQLの「AS」という構文を用いて「別名」をつけると良いでしょう。次のようにSQLを変更します。

```
01 $records = $db->query('SELECT COUNT(*) AS record_count FROM my_items');
```

すると、「`record_count`」をカラム名として利用できます。
次のようにして値を取り出しましょう。

```
01 $records = $db->query('SELECT COUNT(*) AS record_count FROM my_items');
02 $record = $records->fetch();
03 print('件数は、' . $record['record_count'] . '件です');
```

Practice

件数は、5件です

図5-3-2

その他の構文（MAX、MIN、AVGなど）でも同様に利用できますので、利用していきましょう。

Chapter 5-4

フォームからの情報を保存する

PHPでデータベースを操作する利点として、フォームとの接続があります。ここでは、フォームに入力された内容をテーブルに挿入するプログラムを作成していきましょう。

テーブルを準備する

まずは、ここで新しいテーブルを作成しましょう。phpMyAdminを利用して、作成している`my_db`データベースに、図5-4-1のようなテーブルを作りましょう。

図5-4-1

「`memos`」というテーブル名で、3つのカラムを準備します。そして、それぞれ次のように設定します。

カラム	設定内容
`id`	INT型、プライマリーキー・オートインクリメントを設定
`memo`	TEXT型
`created_at`	DATETIME型

フォームのHTMLを準備する

続いて、次のような内容で「input.html」ファイルを作成しましょう（ここでは拡張子が .html となっていることに注意しましょう）。

input.html

```
01  <main>
02      <h2>Practice</h2>
03
04      <form action="input_do.php" method="post">
05          <textarea name="memo" cols="50" rows="10" placeholder="自由にメモを残してください"></textarea><br>
06          <button type="submit">登録する</button>
07      </form>
08  </main>
```

このファイルをブラウザで表示すると、図5-4-2のようなフォームが表示されます。

図5-4-2

プログラムを作成する

それでは、プログラムを作成してみましょう。フォームの扱いについては、Chapter 3-17などで復習しておいてください。form要素のaction属性に指定されたファイルに、入力された内容が送信されます。作成したフォームでは、action属性が「input_do.php」となっているため、このファイルを作成して値を受け取りましょう。

「input_do.php」というファイル名で、先の「input.html」と同じフォルダにファイルを作成し、次のようにまずはデータベースに接続していきます。h2要素の下に書いていきましょう。

input_do.php

```
01  <h2>Practice</h2>
02  <pre>
03  <?php
04  try {
05      $db = new PDO('mysql:dbname=mydb;host=127.0.0.1;charset=utf8', 'root',
    '');
06  } catch (PDOException $e) {
07      echo 'DB接続エラー： ' . $e->getMessage();
08  }
09  ?>
10  </pre>
```

INSERT文はすでに「exec」メソッドで実行できることを学んだので、次のように作れそうに思います。フォームの値を取得するのは「$_POST['memo']」という記述で取得できます。

```
01  <?php
02  try {
03      $db = new PDO('mysql:dbname=mydb;host=127.0.0.1;charset=utf8', 'root',
04  '');
05
        $db->exec('INSERT INTO memos SET memo="' . $_POST['memo'] . '", created_
06  at=NOW()');
07  } catch (PDOException $e) {
08      echo 'DB接続エラー： ' . $e->getMessage();
09  }
10  ?>
```

このプログラムは実際に動作し、テキストエリアにメッセージを入力して送信すると、データベースに記録されます。しかし、このプログラムはセキュリティ的に正しくありません。ユーザーからの入力を、そのままデータベースに挿入したり、処理に利用すると、攻撃を仕掛けられることがあるのです。そこで、PHPにはこれらの攻撃を防ぐ手段が準備されています。

ここでは、ユーザーからの入力を安全にデータベースに挿入する「prepare」メソッドを使っていきましょう。

値をエスケープする ── prepare

prepareメソッドを利用すると、SQLの文章を組み立てるときに危険性が高いキーワードを置き換える「サニタイズ（無害化）」と呼ばれる処理を行ってくれます。次のようなプログラムを「input_do.php」に追加していきましょう。

input_do.php

```php
01  <?php
02  try {
03      $db = new PDO('mysql:dbname=mydb;host=127.0.0.1;charset=utf8', 'root', '');
04  } catch (PDOException $e) {
05      echo 'DB接続エラー： ' . $e->getMessage();
06  }
07
08  $statement = $db->prepare('INSERT INTO memos SET memo=?, created_at=NOW()');
09  $statement->execute(array($_POST['memo']));
10  echo 'メモが登録されました';
11  ?>
```

execメソッドの代わりに「prepare」というメソッドにSQLを指定します。またこのとき、フォームで受け取った内容を指定する箇所は、「?（クエスチョン）」を記述します。

prepareメソッドを実行すると「PDO Statement」という形式のオブジェクトを取得でき、このオブジェクトには「execute」メソッドが備わっています。PDOにある「exec」メソッドと同じような役割ですが、少しメソッドの名前が異なるので気をつけて使いましょう。

このメソッドには、先の「prepare」メソッドでSQLを組み立てたとき「?」を指定した箇所に、挿入したい内容を指定します。つまりここでは、「$_POST['memo']」というグローバル変数を指定して、次のように利用します。

```
$dbs->execute(array($_POST['memo']));
```

これで、テキストエリアに「こんにちは」と入力した場合は、次のようなSQLが実行されます。

```
INSERT INTO memos SET memo="こんにちは"
```

また、例えばテキストフィールドに「これは、"メッセージです"」とダブルクオーテーションを含めて入力してみましょう。これも、問題なく挿入されます。このとき、もしSQLが次のようになってしまっていたら、どうでしょう。

```
INSERT INTO memos SET memo="これは、"メッセージです""
```

ダブルクオーテーションが重複してしまって、正常に処理されません。prepareメソッドは、これらの文字列も正しく処理をしてくれます。こうして、安全にSQLを利用できるようになります。慣れるまでは、若干手続きが面倒に感じますが、必ずprepareメソッドを利用して挿入するようにしましょう。

パラメーターに値を引き渡す ── bindParam

先のプログラムは、次のように「bindParam」メソッドを使って記述することもできます。

```
01  $statement = $db->prepare('INSERT INTO memos SET memo=?, created_at=NOW()');
02  $statement->bindParam(1, $_POST['memo']);
03  $statement->execute();
```

これでも同じように動作します。bindParamメソッドの書式は次の通りです。

書式 bindParamメソッドの書き方

```
PDOステートメントオブジェクト->bindParam(パラメーターの順番, 値);
```

一見するとexecuteメソッドのパラメーターとして渡した方が、プログラムが短くなってスッキリします。しかし、executeメソッドのパラメーターは「文字列」としてしか渡せないため、次のようなプログラムでは不具合が起こります。

```
01  $statement = $db->prepare('SELECT * FROM memos LIMIT ?');
02  $statement->execute(array(5));
```

SQLの「LIMIT句」は、取得する件数を指定するものですが、ここには通常数字を指定します。しかし、executeメソッドのパラメーターは文字列として扱おうとしてしまうため、正しく動作しません。このような場合は、bindParamメソッドを使って次のように記述します。

```
01  $statement = $db->prepare('SELECT * FROM memos LIMIT ?');
02  $limit = 5;
03  $statement->bindParam(1, $limit, PDO::PARAM_INT);
04  $statement->execute();
```

bindParamメソッドの3つめのパラメーターに、「型」を指定することができ、これによって文字列として渡すのか、数字として渡すのかなどを指定することができます。こうすれば、「5」を数字として渡せるため、正しく動作するようになります。2つめのパラメーターには、変数名しか渡せないため、いったん$limitという変数を作成して渡しています。3つのパラメーターには、次のような値を指定することができます。

- PDO::PARAM_BOOL - ブール値(true/false)
- PDO::PARAM_NULL - NULL値
- PDO::PARAM_INT - 数値
- PDO::PARAM_STR - 文字列(これが標準)

その他、次のページを確認するとよいでしょう。 http://php.net/manual/ja/pdo.constants.php

Chapter 5-5

データの一覧・詳細画面を作る

Chapter 5-4で記録したメモはデータベースに記録されますが、このままではそのメモを確認することができず、phpMyAdminなどにアクセスしなければなりません。そこで、メモを一覧表示するための画面を作成してみましょう。

foreachで一覧表示する

すでに作成している「index.php」のプログラムを変更していきます。データベースに接続するための以下のプログラムはそのまま使用します。

index.php

```
01  <?php
02  try {
03      $db = new PDO('mysql:dbname=mydb;host=127.0.0.1;charset=utf8', 'root', '');
04  } catch (PDOException $e) {
05      echo 'DB接続エラー：' . $e->getMessage();
06  }
07  ?>
```

そして、「SELECT」構文を利用してデータベースから、メモのデータを取得しましょう。

index.php

```
01  <?php
02  try {
03      $db = new PDO('mysql:dbname=mydb;host=127.0.0.1;charset=utf8', 'root', '');
04  } catch (PDOException $e) {
05      echo 'DB接続エラー：' . $e->getMessage();
06  }
07  $memos = $db->query('SELECT * FROM memos ORDER BY id DESC');
08  ?>
```

ここでは、並び替えを行う「ORDER BY句」（Chapter 4-15参照）で、idの降順（大きい順）を指定して新しいメモほど、上部に表示されるようにしています。それでは、このオブジェクトを操作して、次のようにメモの一覧を画面に表示していきましょう。これはairticle要素を作って、その中に書いていきましょう。

index.php

```
01  $memos = $db->query('SELECT * FROM memos ORDER BY id DESC');
02  ?>
03  <article>
04  <?php while ( $memo = $memos->fetch()): ?>
05    <p><a href="#"><?php print($memo['memo']); ?></a></p>
06    <time><?php print($memo['created_at']); ?></time>
07    <hr>
08  <?php endwhile; ?>
09  </article>
```

Chapter 5-3と同様に、「while」を利用してレコードを取り出しながら、メモの内容や作成した日付を画面に表示していきます。今はまだ、リンク先を設定していないのでクリックしても反応はしませんが、一覧で表示することができています。こうして、図5-5-1のような画面ができあがります。

図5-5-1

MEMO
index.phpでは、h2要素の下のpre要素は削除して進めてください。

内容を途中までに制限する

今は、非常に長いメモを記述した場合、一覧画面に全文が表示されてしまうため、スマートフォンなどの狭い画面で見たとき、次のメモを見るのが大変になってしまいます。そこで、一覧に表示される文字数は制限をしてみましょう。これには、文字列を切り取る「mb_substr」ファンクションを利用します。mb_substrファンクションは次のような書式で使います。

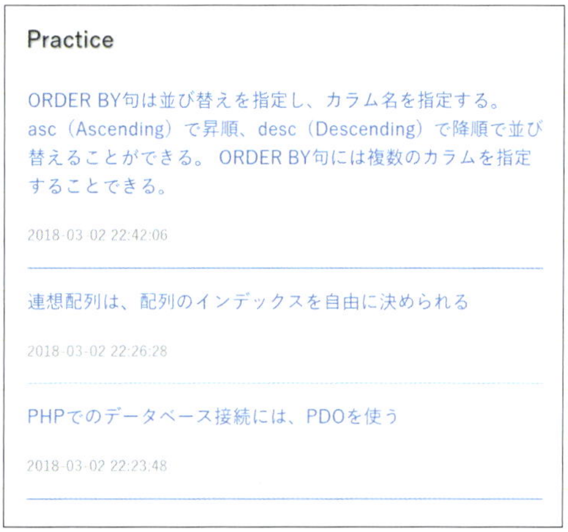

図5-5-2

書式 mb_substrファンクションの使い方

切り取られた文字列 = mb_substr(切り取る文字列, 最初の位置, 文字数);

213

「最初の位置」は、先頭を「0」と数えて何文字目から切り取るかを指定します。そして、「文字数」は「そこから何文字」までを切り取るかを指定します。省略することもでき、その場合は最後までを残します。ここでは、先頭から50文字までを利用しましょう。次のようにプログラムを変更します。

index.php

```php
01  <article>
02  <?php while ( $memo = $memos->fetch()): ?>
03  <p><a href="#"><?php print(mb_substr($memo['memo'], 0, 50)); ?></a></p>
04  …
```

こうして、長いメモは途中で切られるようになりました。

図 5-5-3

詳細画面を作る

では、途中までで切られてしまったメモは、どのようにして全文を読んだら良いでしょう。ここでは、メモにリンクを設定して「詳細画面」に移動し、全文が見られるように変えていきましょう。まずは、新しくファイルを作成します。ここでは「memo.php」という名前のファイルを、「index.php」と同じ場所に作成します。そして、これまでと同じようにデータベースに接続して、まずは次のように1番目のメモを取得するSQLを作ってみましょう。h2要素の下に書いていきます。

MEMO
memo.phpでも、h2要素の下のpre要素は削除して進めてください。

memo.php

```php
01  <main>
02  <h2>Practice</h2>
03  <?php
04  try {
05      $db = new PDO('mysql:dbname=mydb;host=127.0.0.1;charset=utf8', 'root', '');
06  } catch (PDOException $e) {
07      echo 'DB接続エラー：' . $e->getMessage();
08  }
09
10  $memos = $db->query('SELECT * FROM memos WHERE id=1');
11  ?>
12  </main>
```

ここでは、「WHERE句」(Chapter4-14参照)を使ってデータを検索しています。idカラムが「1」のデータ、つまり最初に登録したメモを取得します。あとは、これまで通り、このレコードをfetchして画面に表示するだけです。次のように追加しましょう。

memo.php

```
01  …
02  $memos = $db->query('SELECT * FROM memos WHERE id=1');
03  $memo = $memos->fetch();
04  ?>
05  <article>
06    <pre><?php print($memo['memo']); ?></pre>
07  
08    <a href="index.php">戻る</a>
09  </article>
```

取り出されるデータは、1件しか存在しないためwhile構文はなくて構いません。「fetch」メソッドでデータを取得して、メモを画面に表示しました。

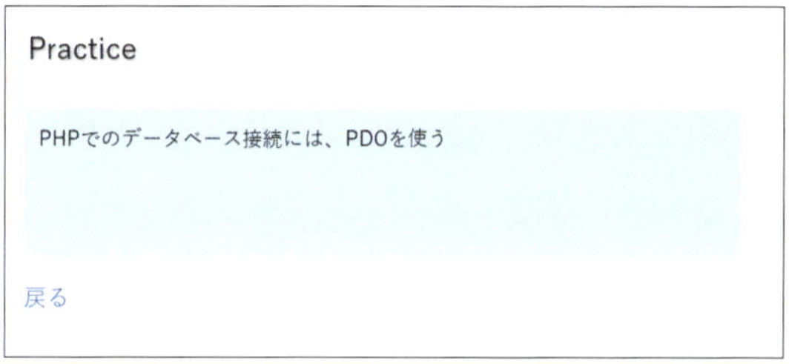

Practice
PHPでのデータベース接続には、PDOを使う

戻る

図5-5-4

URLパラメーターで取得できるメモを変更する

今は、1番目のメモが固定して表示されてしまいますが、これをユーザーが自由に切り替えられるようにしましょう。それには、URLパラメーターを利用します(Chapter 3-17参照)。例えば、次のようなURLで呼び出されたとしましょう。

http://localhost/memo/memo.php?id=3

> **TIPS**
> OS Xでは、「http://localhost:8080/memo/memo.php?id=3」のように、「localhost」の後ろに「:8080」をつけてアクセスしてください。なお、この時点ではまだ表示は変わりません。

この時、指定されている「3」という数字を使ってSQLを組み立て、次のようにします。

```
SELECT * FROM memos WHERE id=3
```

そうすれば、3番目のメモを呼び出すことができます。URLの数字を変えれば、好きなメモを呼び出すことも可能です。それでは、早速作っていきましょう。

ユーザーの入力する値を受け取る場合は、「query」メソッドで直接扱ってはいけませんでした（Chapter 5-4参照）。ここでは、「prepare」メソッドを使って、さきほど「memo.php」に書いたプログラムを次のように書き換えます。

memo.php
```
01  …
02  $memos = $db->prepare('SELECT * FROM memos WHERE id=?');
03  $memos->execute(array($_REQUEST['id']));
04  $memo = $memos->fetch();
05  ?>
06    <article>
07      …
```

「id=」のあとを「?」に変更して、メソッドはprepareメソッドとします。これによって、SQLはすぐには実行されず、次の「execute」メソッドで実行されるようになります。ここに、先ほど「?」で置き換えた取得したメモのIDを指定するというわけです。IDはURLパラメーターで指定されるため「$_REQUEST」または「$_GET」を使って取得しましょう（Chapter 3-17）。

これで、URLで取得するメモを切り替えられるようになりました。

図5-5-5

一覧画面からリンクを張る

それでは最後に、一覧画面から詳細画面にリンクを張ってみましょう。先の通り、詳細画面ではURLパラメーターにIDを指定することで、表示するメモを切り替えることができました。そこで、このURLを一覧画面で作成すれば良いことになります。

HTMLではリンクをa要素で張ることができます。リンクする先は「href」という属性に書き込みます。先ほどでは「#（どこにもリンクをしないという意味の記号）」になっていた箇所を次のように置き換えましょう。

index.php
```
01  <article>
02  <?php while ($memo = $memos->fetch()): ?>
03  <p><a href="memo.php?id=<?php print($memo['id']); ?>"> <?php print(mb_
04  substr($memo['memo'], 0, 50)); ?></a></p>
05  …
```

216　Chapter 5　PHP＋DBで本格的なWebシステムを作ろう

こうして、一覧画面を表示するとメモをクリックすることで詳細ページに移動することができるようになりました。それぞれのURLを確認すると、「id=」のあとの数字が変わっていることが分かります。このように、PHPでページ間を移動して情報をやりとりするときは、URLパラメーターをうまく活用していきましょう。

COLUMN

より安全にURLパラメーターを受け取るには

本文では、prepareメソッドを使ってURLパラメーターを受け取っています。しかし、もっと安全性を高めるには、あらかじめ検査を行っておくと良いでしょう。例えば、「id」というパラメーターにはデータベースのIDの数字が指定されるはずなので、数字以外の値は指定されないはずです。そこで、次のようにあらかじめ検査を行っておきましょう。

memo.php
```
01     …
02       echo 'DB接続エラー： ' . $e->getMessage();
03   }
04   $id = $_REQUEST['id'];
05   if (!is_numeric($id)) {
06     print('数字で指定してください');
07     exit();
08   }
09   $memos = $db->prepare('SELECT * FROM memos WHERE id=?');
```

「is_numeric」は「数字かどうか」を判定してくれるファンクションです。数字が指定されている場合は「true」、それ以外の場合は「false」を得られるので、ここで「!」を補うことで「数字とは判定されなかった場合」という条件を作っています。これによって、数字以外のURLパラメーターはあらかじめ排除することができました。

さらに、データベースには1以上のIDが指定されます。そのため、0以下の数字が指定されることもありません。そこで、条件を次のように加えましょう。

memo.php
```
01   $id = $_REQUEST['id'];
02   if (!is_numeric($id) || $id <= 0) {
03     print('1以上の数字で指定してください');
04     exit();
05   }
06   $memos = $db->prepare('SELECT * FROM memos WHERE id=?');
```

条件にOR（または）を表す「||」と、0以下であるかという条件を加えています。これにより、「数字以外、または（数字だが）0以下」という条件を組み立てることができました。これで、より安全にURLパラメーターを扱うことができるようになります。ユーザーが指定するパラメーターは「信用できないもの」と想定して、チェックをしていきましょう。

> **COLUMN**

省略されたときに「...」を補う

本文では、一覧画面でメモを途中で切り取っていました。しかし現状では、省略されたのか、全文表示されているかの見分けがつきません。if構文を使って

index.php

```
01  <?php while ($memo = $memos->fetch()): ?>
02    <?php if ((mb_strlen($memo['memo']) )> 50): ?>
03      <p><a href="..（省略）.."><?php print(mb_substr($memo['memo'], 0, 50)); ?>...</a></p>
04    <?php else: ?>
05      <p><a href="..（省略）.."><?php print($memo['memo']); ?></a></p>
06    <?php endif; ?>
```

などとすると、50文字よりも多い場合だけ文末に「...」を加えることができます（図5-5-6）。「mb_strlen」は、文字列の長さを調べるファンクションです。文字数を取得できるので、これが50よりも多い場合は、50文字で切り取って残りを「...」とするというプログラムを作っています。

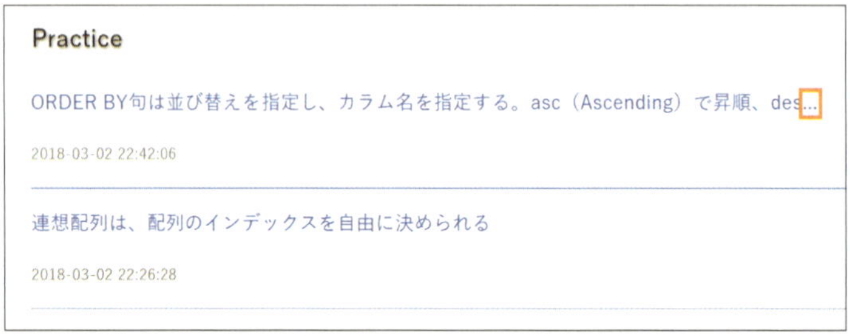

Practice

ORDER BY句は並び替えを指定し、カラム名を指定する。asc（Ascending）で昇順、des...

2018-03-02 22:42:06

連想配列は、配列のインデックスを自由に決められる

2018-03-02 22:26:28

図5-5-6

これでプログラムとしては正しいですが、同じようなHTMLを2回書かなければならないため、少し無駄があります。このような場合は、「三項演算子」を使うとスッキリと記述することができます。三項演算子は、次のように記述します。

書式 三項演算子の書き方

（条件）？ 条件が成り立った時の処理 ： 成り立たなかった時の処理

ちょうど、if構文を1行で書いてしまったような書き方です。

これを上のプログラムに当てはめると、
- 条件 … `$memo['memo']` の内容が、50文字以上であること
- 条件が成り立った時の処理 … `$memo['memo']` の後ろに「...」を付ける
- 成り立たなかった時の処理 … `$memo['memo']` の後ろに何も付けない

という風に書けそうです。次のように記述しましょう。

```
01  <?php while ($memo = $memos->fetch()): ?>
02  <p>
03    <a href=".. (省略) ..">
04      <?php print(mb_substr($memo['memo'], 0, 50)); ?>
05      <?php print((mb_strlen($memo['memo']) > 50 ? '...' : '')); ?>
06    </a>
07  </p>
08  <time><?php print($memo['created_at']); ?></time>
09  <hr>
10  <?php endwhile; ?>
```

正しく動作します。三項演算子の部分だけを取り出してみましょう。

```
<?php print((mb_strlen($memo['memo']) > 50 ? '...' : '')); ?>
```

printファンクションのパラメーターとして三項演算子を指定しています。パラメーター部分だけを取り出すと、

```
(mb_strlen($memo['memo']) > 50 ? '...' : '')
```

「条件」にあたるのは、

```
mb_strlen($memo['memo']) > 50
```

です。$memo['memo']という変数の内容が、50文字以上であるかを判断しています。
「条件が成り立った時の処理」にあたるのは、

```
'...'
```

です。printファンクションで画面に表示されます。1つ前の文で、$memo['memo']の内容を50文字目まで表示しているので、その後に続けて「...」が表示されます。

「成り立たなかった時の処理」にあたるのは、

```
''
```

です。これは、「何もない」ことを示しています。つまり、printファンクションで何も表示しません。条件によって表示したり、しなかったりするというプログラムの場合は、このように三項演算子をうまく使うとスッキリしたプログラムを作ることができます。

Chapter 5-6

接続プログラムを共通プログラムにする

複数の画面があるプログラムの場合、各画面でデータベースと接続しなければならないため、同じような記述が繰り返し利用されます。ここでは、これらを共通化しましょう。

データベース接続プログラムを外部ファイルにする

まず、次のような読み込まれるファイルを作成します。

dbconnect.php

```
01  <?php
02  try {
03      $db = new PDO('mysql:dbname=mydb;host=127.0.0.1;charset=utf8', 'root', '');
04  } catch (PDOException $e) {
05      echo 'DB接続エラー： ' . $e->getMessage();
06  }
07  ?>
```

そして、ここまでで作成した「index.php」および「input_do.php」、「memo.php」の先頭を次のように変更します。

index.php

```
01  <?php require('dbconnect.php'); ?>
02  <!doctype html>
03  <html lang="ja">
04  …
05  <main>
06  <h2>Practice</h2>
07  <?php
08  $memos = $db->query('SELECT * FROM memos ORDER BY id DESC');  ── この文は残す
09  ?>
10  <article>
```

input_do.php

```
01  <?php require('dbconnect.php'); ?>
02  <!doctype html>
03  <html lang="ja">
04  …
05  <h2>Practice</h2>
06  <pre>
07  <?php
08  $statement = $db->prepare('INSERT INTO memos SET memo=?, created_at=NOW()');
09  $statement->execute(array($_POST['memo']));
10  echo 'メモが登録されました';
11  ?>
```

この文は残す

memo.php

```
01  <?php require('dbconnect.php'); ?>
02  <!doctype html>
03  <html lang="ja">
04  …
05  <main>
06  <h2>Practice</h2>
07  <?php
08  $memos = $db->prepare('SELECT * FROM memos WHERE id=?');
09  $memos->execute(array($_REQUEST['id']));
10  $memo = $memos->fetch();
11  ?>
```

この文は残す

動きは変わりませんが、これによってデータベースの情報が変わった時などに、簡単に全体を書き換えることができます。requireファンクションはこのようにパス名を指定して、ファイルを読み込むことができます。同じ記述が複数のファイルに必要になったら、こうして共通化しましょう。

書式 requireファンクションの書き方

```
require(読み込むファイル名);
```

chapter
5-6

221

Chapter 5-7

件数の多いレコードを、ページを分ける「ページング」

こうして、データの入力や一覧が楽になったところで、一気に10件以上の情報を入力してみましょう。内容は適当で構いません。一覧にたくさんの情報が表示されてしまいました。このままだとこのページがどんどん長くなってしまいます。そこで、1ページに表示する情報は減らして、「次のページ」「前のページ」といった具合にページを分ける、いわゆる「ページング処理（ページネーション処理ともいいます）」を行っていきます。

LIMITで表示件数を制限する

まずは、「index.php」のSQLを書き換えて、1ページに表示される件数を制限してみましょう。これには、「LIMIT」句（Chapter 4-21）を使います。

index.php

```
01  <?php
02  $memos = $db-> query('SELECT * FROM memos ORDER BY id LIMIT 0,5');
03  ?>
```

スタート位置と件数を、カンマで区切って指定します。「0」は最初から、5は5件表示するということです。これで、5件以上のデータは表示されなくなりました。スタート位置の数字を変えると、2ページ目、3ページ目と表示することができます。

```
//2ページ目（6件目から10件目を表示）
$memos = $db->query('SELECT * FROM memos ORDER BY id LIMIT 5,5');
//3ページ目（11件目から15件目を表示）
$memos = $db->query('SELECT * FROM memos ORDER BY id LIMIT 10,5');
...
```

という具合になります。このしくみを使って、ページングを作っていきましょう。

URLパラメーターでページを指定する

このスタートの数字をURLパラメーターで操作すれば、ページングをブラウザ上から操作することができます。これまでの内容を復習すれば、次のように作れます。「page」というURLパラメーターを受け取りましょう。

```
http://localhost/memo/index.php?page=5
```

そして、これをSQLに渡します。次のようにprepareメソッドに変更します。

index.php

```
01  <?php
02  $memos = $db->prepare('SELECT * FROM memos ORDER BY id LIMIT ?,5');
03  ?>
```

そして、P.211で説明した<u>bindParam</u>メソッドでパラメーターを割り当てます。この時、3つのパラメーターを指定しないとLIMIT句は文字列として渡されてしまい、正しく動作しないので気をつけましょう。あとは、executeメソッドで実行します。

index.php

```
01  <?php
02  $memos = $db->prepare('SELECT * FROM memos ORDER BY id LIMIT ?,5');
03  $memos->bindParam(1, $_REQUEST['page'], PDO::PARAM_INT);
04  $memos->execute();
05  ?>
```

これで、先のURLで呼び出せば、6件目から5件分が表示されます。正しくページが渡っていることが分かります。

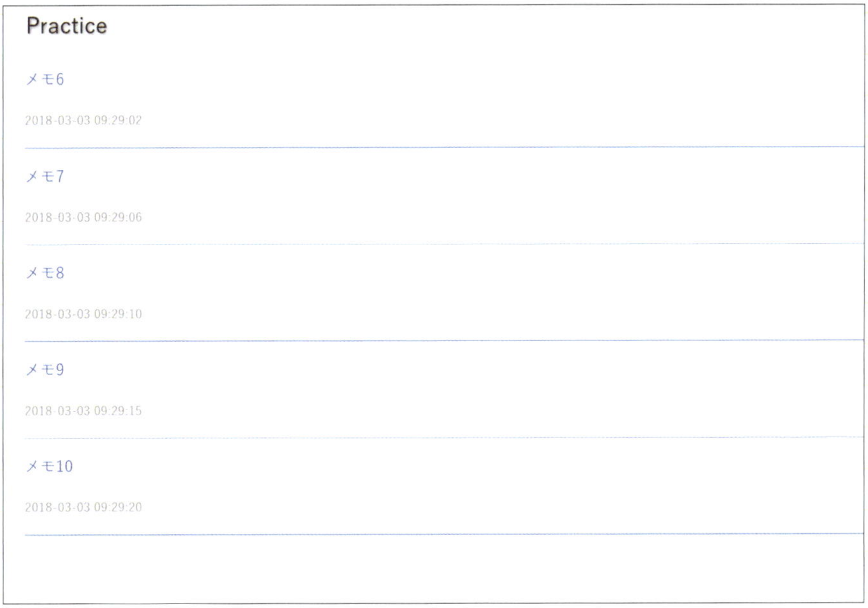

Practice

メモ6
2018-03-03 09:29:02

メモ7
2018-03-03 09:29:06

メモ8
2018-03-03 09:29:10

メモ9
2018-03-03 09:29:15

メモ10
2018-03-03 09:29:20

図5-7-1

ただし、この方法では次のような点でよくない部分があります。

- **3ページ目は「page=10」、5ページ目は「page=20」など、5の倍数の数字を指定しなければならない**
- **4や9など、中途半端な数字を指定することもできてしまう**

そこで、数字を少し加工して「ページ数を指定したら、LIMIT句を正しく組み立てる」というプログラムに変更しましょう。

ページ数で制御する

ここでは、URLパラメーターを次のように指定することとします。

```
//2ページ目
http://localhost/memo/index.php?page=2
//3ページ目
http://localhost/memo/index.php?page=3
//4ページ目
http://localhost/memo/index.php?page=4
...
```

これなら、ページ数とパラメーターが一致するのでスッキリします。では、この「2」や「4」といった数字から、LIMIT句のスタート位置である「5」や「15」に変換するにはどうしたらよいでしょう。計算式を考えてみます。

スタート位置は5の倍数となるので、次のような計算式が成り立ちます。

```
1ページ目 → 5 × 0 = 0
2ページ目 → 5 × 1 = 5
3ページ目 → 5 × 2 = 10
...
```

そして、ページ数を使ってこの計算式を汎用的な式にするには、次のようになります。

```
スタート位置 = 5 × (ページ数-1)
```

この計算式を当てはめましょう。
プログラムを次のように変更します。

index.php

```php
01  <?php
02  $page = $_REQUEST['page'];
03  $start = 5 * ($page - 1);
04  $memos = $db->prepare('SELECT * FROM memos ORDER BY id LIMIT ?,5');
05  $memos->bindParam(1, $start, PDO::PARAM_INT);
06  $memos->execute();
07  ?>
```

受け取ったパラメーターを元に、「`$start`」という LIMIT 句で使う変数を計算で求めています。それを、`bindParam`メソッドに使うというわけです。

パラメーターの省略に対応する

これで、パラメーターを正しく指定するとメモが表示されるようになりました。しかし、次のURLを表示してみましょう。

```
http://localhost/memo/index.php
```

この場合、次のようなエラーメッセージが表示されます。

```
Notice: Undefined index: page in .../index.php on line XX
```

Notice: Undefined index: page in C:¥Git¥phpbook¥part05¥sample06¥index.php on line 22

図5-7-2

MEMO
P.098に沿ってエラーが出ないように設定している場合など、エラーが表示されないことがあります。

「`?page=`」という URL パラメーターが存在しないため、受け取れないというメッセージです。そこで、パラメーターがなかったときや、数字ではないパラメーターが指定された場合は「1ページ目である」とみなしましょう。プログラムを次のように書き換えます。

index.php

```php
01  <?php
02  if (isset($_REQUEST['page']) && is_numeric($_REQUEST['page'])) {
03      $page = $_REQUEST['page'];
04  } else {
05      $page = 1;
06  }
07  $start = 5 * ($page - 1);
08  ...
```

225

isset は、変数やパラメーターが「存在しているか」を検査するためのファンクションです。指定した変数があれば「true」、なければ「false」になります。
is_numeric ファンクションはP.103で紹介したとおり、数字かどうかの検査です。これらが正しくない場合は、1を指定しています。

リンクを作る

最後に、ページにリンクを作成してユーザーが操作できるようにしましょう。まずは、index.phpに次のようなリンクを加えます。airticle要素の最後に追加しましょう。

index.php
```
01  …
02  <?php endwhile; ?>
03
04  <a href="index.php?page=2">2ページ目へ</a>
05  </article>
```

これをクリックすると、2ページ目に移動できます。
ただし、このままでは2ページにしか移動できないので、「現在表示しているページ」を判断して作り替えていきましょう。
2ページ目の場合は「3ページ目」へのリンクを作ります。これには、先ほど準備した「$page」変数が役立ちます。次のように変更しましょう。

index.php
```
01  <a href="index.php?page=<?php print($page+1); ?>"><?php print($page+1); ?>ページ目へ</a>
02  </article>
```

図 5-7-3

すると、2ページ目を表示したときは「3ページ目」、5ページ目のときは「6ページ目」などと表示されます。
同じく、前のページへのリンクを作りましょう。

index.php

```
01  <a href="index.php?page=<?php print($page-1); ?>"><?php print($page-1); ?>ペー
    ジ目へ</a>
02   |
03  <a href="index.php?page=<?php print($page+1); ?>"><?php print($page+1); ?>ペー
    ジ目へ</a>
04  </article>
```

真ん中に縦棒（［Shift］キーを押しながら［￥］キーを押す）を配置して、図5-7-4のような見た目にしています。こうして、前後のページに行き来できるようになりました。

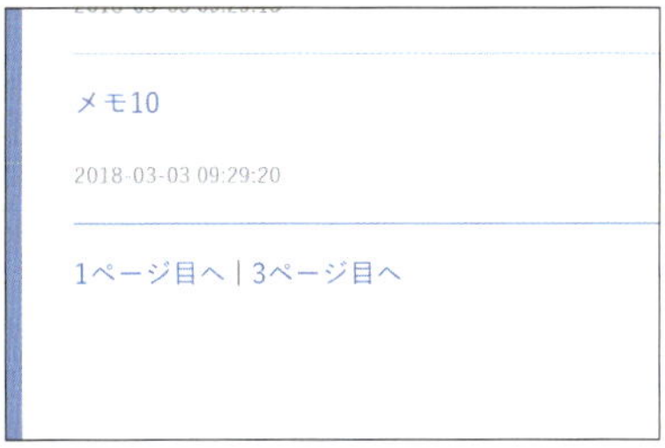

しかし今度は、次のような点でおかしな部分があります。

図5-7-4

- 1ページ目に行くと「0ページ目へ」というリンクが現れてしまう
- 最後のページではもう表示するデータがないのに、次々にページに移動できてしまう

最後にこれを修正していきましょう。

おかしなリンクが表示されないようにする

まず、0ページ目が表示されないようにするのは簡単です。次のようにプログラムを変更します。

index.php

```
01  <?php if ($page >= 2): ?>
02    <a href="index.php?page=<?php print($page-1); ?>"><?php print($page-1); ?>ペー
      ジ目へ</a>
03  <?php endif; ?>
04   |
05  <a href="index.php?page=<?php print($page+1); ?>"><?php print($page+1); ?>ペー
    ジ目へ</a>
06  </article>
```

現在のページ番号（$page）が2以上であるか、つまり2ページ目以降が表示されているかを判断して表示を制御しています。これで、1ページ目の時は表示されなくなりました。

次に、次ページの制御ですがこちらは大変です。まずは、「最大何ページあるのか」を調べなければなりません。これには、次のSQLを使います。

```
01  $counts = $db->exec('SELECT COUNT(*) AS cnt FROM memos');
02  $count = $counts->fetch();
```

これで「$count['cnt']」に現在の件数が入ります。例えばこの時、8件だったとします。すると、1ページには5件のメモが表示されるため、ここでは2ページ目が最後のページとなります。これは、次の計算式で求められます。

```
ページ数 = メモの件数 ÷ 5（※ 小数は切り上げ）
```

小数の切り上げは「ceil」ファンクションを使うので、次のようになります。

```
01  $max_page = ceil($count['cnt'] / 5);
```

これでようやく、最大ページ数を求められました。あとはこれを使って、表示を制御していきましょう。プログラムを次のように変更します。

index.php

```
01  …
02  <?php endif; ?>
03  
04  <?php
05  $counts = $db->query('SELECT COUNT(*) AS cnt FROM memos');
06  $count = $counts->fetch();
07  $max_page = ceil($count['cnt'] / 5);
08  if ($page < $max_page):
09  ?>
10      <a href="index.php?page=<?php print($page+1); ?>"><?php print($page+1); ?>ページ目へ</a>
11  <?php endif; ?>
12  </article>
```

これでプログラムの完成です。ページングの実装は、かなりあれこれ考えなければならないためややこしいですが、ゆっくりと各ケースを考えて実装してみましょう。

図5-7-5

Chapter 5-8

メモを変更する、編集画面

続いては、入力した情報を後から間違いに気づいたり、内容が変わったときに編集することができる画面を作成しましょう。編集画面は、入力画面の応用です。ただし、入力した内容を保存するというところは入力画面に似ていますが、フォームを開いた時に、「現在の情報」が再現されている必要があります。この部分を作りこんでいきましょう。

HTMLを用意する

まずは、編集用のHTMLを準備します。input.htmlのHTMLなどをコピーすると良いでしょう。ファイル名は「update.php」とします。h2要素の下に以下を追加します。

update.php

```
01  <h2>Practice</h2>
02
03  <form action="update_do.php" method="post">
04      <textarea name="memo" cols="50" rows="10"></textarea><br>
05      <button type="submit">登録する</button>
06  </form>
```

ここでは、あとで作成する「update_do.php」というPHPファイルにフォームを送信しています。placeholder属性は不要なので削除しました。

MEMO
update.phpでは、h2要素の下のpre要素は削除して進めてください。

URLパラメーターで情報を呼び出す

編集画面の場合、あらかじめ「今データベースに保管されている情報」をフォームに再現する必要があります。そこで、次のようなSQLで編集する対象の情報を呼び出しましょう。

update.php

```
01  <?php require('dbconnect.php'); ?>
02  <!doctype html>
03  <html lang="ja">
04  …
```

```
05  <main>
06  <h2>Practice</h2>
07  <?php
08  $memos = $db->prepare('SELECT * FROM memos WHERE id=?');
09  $memos->execute(array(5));
10  $memo = $memos->fetch();
11  ?>
12  <form action="update_do.php" method="post">
```

これで、内容が「$memo['memo']」に入るので、この内容をtextarea要素の内容として指定することで、あらかじめ表示される内容にします。

update.php

```
01      <textarea name="memo" cols="50" rows="10"><?php print($memo['memo']); ?></textarea><br>
```

図5-8-1

これで、IDが5のメモがテキストエリアに表示されました。あとは、URLパラメーターを使ってこの内容を変えていきましょう。次のように変更します。

update.php

```
01  <h2>Practice</h2>
02  <?php
03  if (isset($_REQUEST['id']) && is_numeric($_REQUEST['id'])) {
04      $id = $_REQUEST['id'];
05
06      $memos = $db->prepare('SELECT * FROM memos WHERE id=?');
07      $memos->execute(array($id));
08      $memo = $memos->fetch();
09  }
10  ?>
```

これで、次のようなURLで自由に表示する内容を変更できます。

```
http://localhost/memo/update.php?id=3
```

データベースの内容を変更する

では次に、update_do.phpを作っていきます。update_do.phpには変更後の内容がPOSTを利用して送信されます。ただし、このままではURLパラメーターで渡された「id」が引き継がれないため、どのメモを変更するかが分かりません。

そこで、update.phpのフォームの内容を次のように変更しましょう。

update.php

```
01  <form action="update_do.php" method="post">
02      <input type="hidden" name="id" value="<?php print($id); ?>">
03      <textarea name="memo" cols="50" rows="10"><?php print($memo['memo']);
    ?></textarea><br>
04      …
```

type属性がhiddenのパーツは、画面上には表示されないものの、フォームとしては送信される内容を作ることができます。value属性で「$id」を送信し、これによって「どのメモを変更するか」を指定します。

それでは、update_do.phpを作っていきましょう。

update_do.php

```
01  <?php require('dbconnect.php'); ?>
02  <!doctype html>
03  <html lang="ja">
04  …
05  <main>
06  <h2>Practice</h2>
07  <?php
08  $statement = $db->prepare('UPDATE memos SET memo=? WHERE id=?');
09  $statement->execute(array($_POST['memo'], $_POST['id']));
10  ?>
11  <p>メモの内容を変更しました</p>
12  <p><a href="index.php">戻る</a></p>
13  </main>
```

これで、update.phpでメモの内容を変更してボタンを押すとデータベースが更新されるようになりました。

詳細画面からリンクを張る

最後に、詳細画面からリンクを張りましょう。「memo.php」に次のように書き加えます。

memo.php

```
01  <article>
02      <pre><?php print($memo['memo']); ?></pre>
03      <a href="update.php?id=<?php print($memo['id']); ?>">編集する</a>
04       |
05      <a href="index.php">戻る</a>
06  </article>
```

これで、編集ができるようになりました。

図5-8-2

Chapter 5-9

いらないデータを削除する、削除機能

最後に、いらなくなったデータなどを削除できる「削除機能」を作ってみましょう。ここまでの知識を組み合わせれば、簡単に作ることができるはずです。

DELETEでデータを削除する

まずは、URLパラメーターに従ってデータを削除する「delete.php」を作成します。データを削除するSQLは「DELETE」(Chapter 4-9参照)です。

delete.php

```php
<?php require('dbconnect.php'); ?>
<!doctype html>
<html lang="ja">
…

<main>
<h2>Practice</h2>
<?php
if (isset($_REQUEST['id']) && is_numeric($_REQUEST['id'])) {
    $id = $_REQUEST['id'];
    $statement = $db->prepare('DELETE FROM memos WHERE id=?');
    $statement->execute(array($id));
}
?>
<pre>
<p>メモを削除しました</p>
</pre>
<p><a href="index.php">戻る</a></p>
</main>
```

これで、次のようなURLを呼び出すことで削除することができます。

```
http://localhost/memo/delete.php?id=5
```

URLパラメーターを数字であるかを判断して、prepareメソッドとexecuteメソッドでSQLを実行するのは、これまでのプログラムとほぼ同様です。あとは、これを詳細画面からリンクを張りましょう。「memo.php」を変更します。

memo.php

```
01      <pre><?php print($memo['memo']); ?></pre>
02      <a href="update.php?id=<?php print($memo['id']); ?>">編集する</a>
03       |
04      <a href="delete.php?id=<?php print($memo['id']); ?>">削除する</a>
05       |
06      <a href="index.php">戻る</a>
07  </article>
```

これで削除機能ができました。

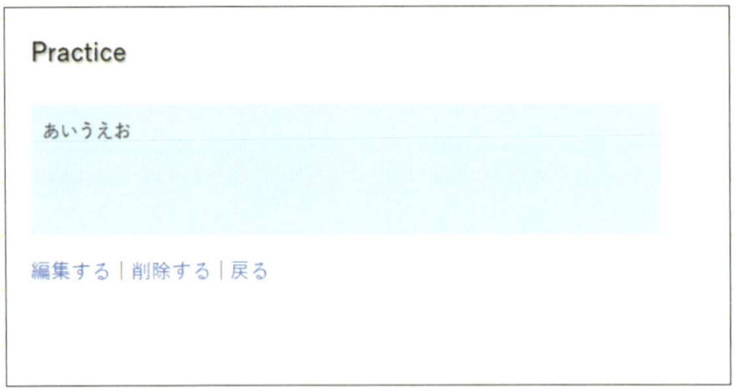

図 5-9-2

メモアプリの完成

これで、メモの「入力」と「表示（一覧・詳細）」、「変更」と「削除」ができるようになりました。メモのアプリとして実際に活用することができるようになりました。
このようなしくみを、次のそれぞれの機能の頭文字を取って、

- 作成 - Create
- 表示 - Read
- 変更 - Update
- 削除 - Delete

CRUDシステム（クラッドシステム）などと呼び、データベースを利用したシステムの基本となります。
管理したいデータに沿って、CRUDシステムを構築し、便利にデータベースを活用すると良いでしょう。

Chapter 6 「Twitter 風ひとこと掲示板」を作成する

さて、ここまででPHPとMySQLについての基本的なプログラムを紹介してきました。次に、これまでの知識を応用して、少し実用的なプログラムの開発にチャレンジしてみましょう。ここでは、「Twitter風ひとこと掲示板」を作成してみます。実際のプログラム開発で必要な手順などもあわせて紹介していくので、実践的な練習として体験してみてください。

Chapter 6-1

データベースを設計する

プログラミングを始める前に、どのようなシステムを作るのか、そのためにはどのようなデータベースが必要なのかを考えるところから始めてみましょう。

作りたいプログラムの機能を考える

まずは、いきなりパソコンに向かってPHPを作り始めるにしても、何から手をつけたらよいのか分かりませんし、効率の良いプログラムを作ることはできません。

ひとこと掲示板を作るにあたって、どのような機能が必要か、どんなプログラムが必要かを考えてみましょう。

この時、紙やホワイトボードに「〇〇ができる」といった言葉で列記をしていくと良いでしょう。例えば、次のような感じになります。

- 文章を投稿する(つぶやく)ことができる
- 他の人の投稿に返信をすることができる
- 会員登録ができる
- 退会ができる
- 写真をアップロードすることができる
- ログインができる
- ログアウトができる

TIPS

語尾を統一するというのは、それほど深い意味はありませんが、「会員登録機能」「ログイン機能」などと「〇〇機能」という言葉を使ってしまうと、例えば「他人の投稿返信機能」などのような、いまいち分かりにくい機能名になってしまうこともあります。ゴロの良い機能名を考えることに頭を使ってしまうと、肝心のアイデアが浮かんでこなくなるため、「〇〇ができる」という自然な語尾にする方が、楽にアイデアを考えることができて便利でしょう。

データベースの項目を考える

プログラムを作り始める前に、データベース（DB）を利用することが分かっているシステムでは、DB設計をしたほうが良いでしょう。

DB設計をするためには、まずはそれぞれの「できること」に対して、必要な項目を列記していきます。まだ、紙やホワイトボードを使っていて構いません。

- 文章を投稿する（つぶやく）ことができる
    - メッセージ
    - 会員情報

- 他の人の投稿に返信をすることができる
    - メッセージ
    - 会員情報
    - 返信先のメッセージ

- 会員登録ができる
    - ニックネーム
    - メールアドレス←ログインIDとしても使う

- 退会ができる

- 写真をアップロードすることができる
    - 写真のパス

- ログインができる
    - メールアドレス
    - パスワード

- ログアウトができる

このような項目が必要になるでしょう。今の時点では、同じ項目が出てきたりしても構いません。

まずは、前のページの項目を眺めながら、どんなふうに項目をグループにしていくと良いかを考えてみましょう。よく見ると、会員関係の情報と投稿関係の情報に分けることができそうです。
次のようになります。

- 会員関係
    - ニックネーム
    - メールアドレス
    - パスワード
    - 写真のパス

- 投稿関係
    - メッセージ
    - 会員情報
    - 返信先のメッセージ

と分けることができそうです。これがそのままテーブルになりそうですね。
それでは、何かテーブル名をつけておきましょう。ここでは、次のようなテーブル名にしました。

```
会員関係 - members
投稿関係 - posts
```

テーブル間のリレーションを考える

さて、このテーブルにカラムを作っていくのですが、今のままではまだ少しカラムが足りません。例えば、postsの「会員情報」とは具体的に何を指しているでしょうか？
ここでは、membersとpostsがリレーションを張る必要がありそうです。そこで、membersテーブルには、各メンバー固有の情報、つまり「プライマリーキー」が必要なことが分かります。

- 会員関係 (members)
    - 会員ID
    - ニックネーム
    - メールアドレス
    - パスワード
    - 写真のパス

- 投稿関係 (posts)
    - メッセージ
    - 投稿者のID
    - 返信先のメッセージ

続いて、「返信先のメッセージ」はどのように表したらよいでしょうか？ まずは、postsテーブルにも
<u>プライマリーキー</u>を設定しましょう。

- 投稿関係 (posts)
    メッセージID
    メッセージ
    投稿者のID
    返信先のメッセージ

この「返信先のメッセージ」にメッセージIDを記録すれば、返信先をたどれることが分かります。
1つのテーブルが互いにリレーションを張るという珍しいパターンですが、このようなパターンもデータによってはあり得るのです。

- 投稿関係 (posts)
    メッセージID
    メッセージ
    投稿者のID
    返信先のメッセージID

項目の詳細を決める

項目が決まったので、これを<u>カラム名</u>にしていきます。カラム名は短くて分かりやすく、間違いのない英語で割り振っていきましょう。
不安な場合は和英辞典なども調べて正しく付けることがポイントです。あとでスペルミスに気がついたりすると、非常に面倒なことになりますので気をつけましょう。

members - 会員関係

カラム名	型	意味
id	INT	会員ID(PRIMARY KEY, AUTO_INCREMENT)
name	VARCHAR(255)	ニックネーム
email	VARCHAR(255)	メールアドレス
password	VARCHAR(100)	パスワード
picture	VARCHAR(255)	写真のパス
created	DATETIME	入会日
modified	TIMESTAMP	変更日

投稿関係 (posts)

カラム名	型	意 味
id	INT	メッセージID(PRIMARY KEY, AUTO_INCREMENT)
message	TEXT	メッセージ
member_id	INT	投稿者のID
reply_post_id	INT	返信先のメッセージID
created	DATETIME	投稿日時
modified	TIMESTAMP	変更日時

データの作成日時である「created」と、変更日時の「modified」を追加しておきました。これらのカラムは、特別な理由がない限りは標準でつけておくと、後で便利に使えたりします。

また、「members」テーブルのカラムに、見慣れない「VARCHAR」という型を使っています。これは、「文字数に限りのある文字列」を扱うための型で、TEXT型に比べてデータ量を抑えることができます。

今回は、シンプルなテーブル構成のため、これで完成です。もっと複雑なテーブル構成の場合には、「正規化」をしてテーブルを組み立て直す必要が出てくることもあります。

> **TIPS**
> ここからは、ExcelやGoogleドキュメントのスプレッドシートなどの表計算を使って作っておくとよいでしょう。このように、決めたことを書類に残しておけば、あとで作ったシステムを改造したり、拡張するときにも役に立ちます。このような書類を「設計書」や「仕様書」などと呼び、この場合は「DB設計書」などと呼ばれます。

Chapter 6-2

データベースを作る

それでは、いよいよ実際の作業に入っていきましょう。Chapter 6では、これまで解説してきた内容は少しはしょって説明していきます。もし、よく分からない箇所が出てきたら前章以前で復習しましょう。

データベースとテーブルを作成する

MAMPやXAMPPを起動して、phpMyAdminにログインし、データベースを作成していきます。まず、図6-2-1のように設定して「mini_bbs」を「utf8mb4_general_ci」で作成します。「members」テーブルを「7」カラムで作成します(図6-2-2)。

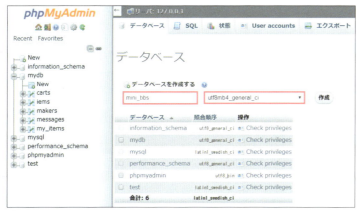

図6-2-1

図6-2-2

membersテーブルの設定をする

P.239の設計どおりに各カラムを設定します（図6-2-3）。
画面を右にスクロールして「id」カラムを「プライマリーキー」に、そしてオートインクリメントを設定し（図6-2-4）、「保存する」ボタンをクリックします。

図6-2-3

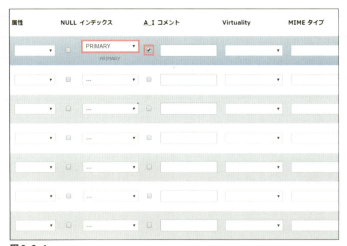

図6-2-4

postsテーブルの設定をする

これで、membersテーブルが完成しました。続いて、postsテーブルを作成します。まず、先と同様の手順で「posts」テーブルを「6」つのカラムで作成します。

図6-2-5

P.240の設計どおりに各カラムを設定し、「id」カラムをプライマリーキー、オートインクリメントを設定します。「保存する」ボタンをクリックします。これでテーブルの準備ができました。

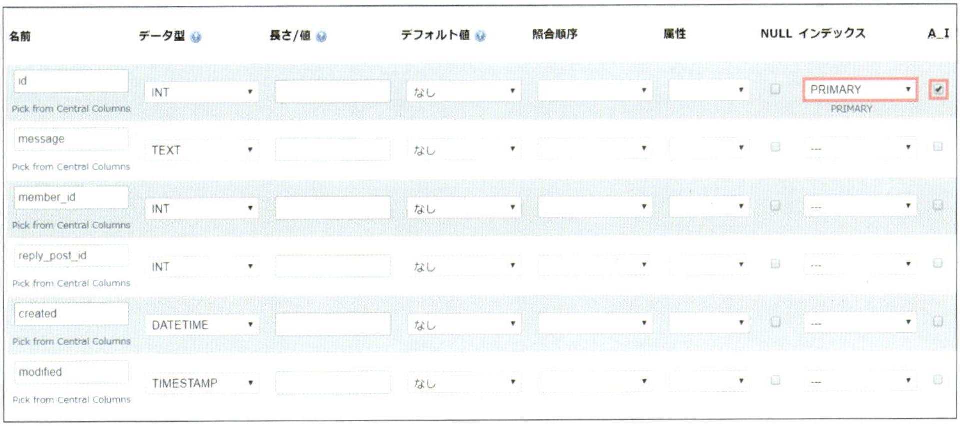

図6-2-6

> **TIPS**
>
> Chapter 6-3からのプログラム用のテンプレートも、ダウンロードファイルとして用意しています。
>
> ・テンプレートファイルの場所
>
> ダウンロードファイル → chapter6 → templatefile

Chapter 6-3

会員登録用の画面を作る

ここからはいよいよプログラム制作を開始します。

登録画面のHTMLを作る

それでは、まずは会員登録画面から作りましょう。図6-3-1のようなフォームを作成します。アプリケーション用のフォルダとして「post」を作り、その中に、会員登録用のプログラム用の「join」フォルダを作成します。その中にindex.phpを作成し、次のようなHTMLを書きます。

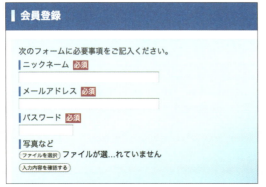

図6-3-1

TIPS
Firefoxなど他のブラウザでは、「写真など」の下の表示が異なります。

図6-3-2

/join/index.php

```
01  <p>次のフォームに必要事項をご記入ください。</p>
02  <form action="" method="post" enctype="multipart/form-data">   …1
03      <dl>
04          <dt>ニックネーム<span class="required">必須</span></dt>
05          <dd><input type="text" name="name" size="35" maxlength="255" /></dd>
06          <dt>メールアドレス<span class="required">必須</span></dt>
07          <dd><input type="text" name="email" size="35" maxlength="255" /></dd>
08          <dt>パスワード<span class="required">必須</span></dt>
09          <dd><input type="password" name="password" size="10" maxlength="20" /></dd>
10          <dt>写真など</dt>
11          <dd><input type="file" name="image" size="35"  /></dd>
12      </dl>
13      <div><input type="submit" value="入力内容を確認する" /></div>
14  </form>
```

❶に注目しましょう。action属性が空になっています。これは、「自分自身に送信する」という意味で、次の設定と同じになります。

```
01  <form action="index.php" ...
```

自分自身を呼び出す場合は、省略しても構いません。また、ファイルの送信フォームがある場合は「enctype="multipart/form-data"」属性を必ず指定します。

登録後の画面のHTMLを作成する

続いてindex.phpの「入力内容を確認する」ボタンを押すと表示される確認画面を準備しましょう。

同じフォルダに「check.php」を作成します。今作ったフォームのHTMLをコピーするとよいでしょう。パスワードは、セキュリティ上画面には表示しないため、あらかじめその旨を記載しておきました（図6-3-3）。

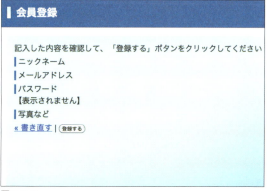

図6-3-3

/join/check.php

```
01  <form action="" method="post">
02      <dl>
03          <dt>ニックネーム</dt>
04          <dd>
05          </dd>
06          <dt>メールアドレス</dt>
07          <dd>
08          </dd>
09          <dt>パスワード</dt>
10          <dd>
11          【表示されません】
12          </dd>
13          <dt>写真など</dt>
14          <dd>
15          </dd>
16      </dl>
17      <div><a href="index.php?action=rewrite">&laquo; 書き直す</a> | <input type="submit" value="登録する" /></div>
18  </form>
```

最後に、会員登録が完了したときに表示する画面(図6-3-4)を作ります。同じフォルダに「thanks.php」を作りましょう。

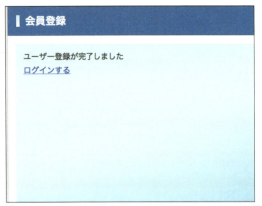

図6-3-4

HTMLを以下のように書いておきます。これでthanks.phpは完成です。

/join/thanks.php

```
01  <p>ユーザー登録が完了しました</p>
02  <p><a href="../">ログインする</a></p>
```

Chapter 6-4

会員登録用のプログラムを作る

それでは、プログラムを作っていきましょう。この会員登録の仕組みでは、「セッション」を利用して図6-4-1のような流れで、7つのステップで会員登録を行っていきます。1つひとつ組み立てていきましょう。

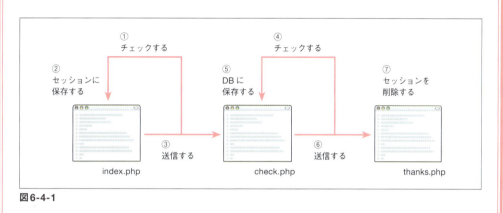

図6-4-1

チェック機能の概要を押さえる

まずは、入力画面でのチェック機能を作ります。ここでは、次のような内容を確認していきましょう。

- 「ニックネーム」「メールアドレス」「パスワード」が入力されているかを確認する
- パスワードが4文字以上かを確認する
- アップロードされたファイルが画像かどうかを確認する

そして、正常だった場合には次のような処理を行います。

- セッションに情報を記録する
- 確認画面に遷移する

異常があったら、次のような処理を行います。

- エラーメッセージを表示する
- 入力した内容を再現する

チェックするプログラムを書く

まずは、index.phpの冒頭に次のようなプログラムを記述しましょう。

/join/index.php

```php
<?php
session_start();

if (!empty($_POST)) {    …1
    // エラー項目の確認
    if ($_POST['name'] == '') {    …2
        $error['name'] = 'blank';
    }
    if ($_POST['email'] == '') {
        $error['email'] = 'blank';
    }
    if (strlen($_POST['password']) < 4) {    …3
        $error['password'] = 'length';
    }
    if ($_POST['password'] == '') {
        $error['password'] = 'blank';
    }

    if (empty($error)) {    …4
        $_SESSION['join'] = $_POST;
        header('Location: check.php');
        exit();
    }
}
?>
```

まず、今回のプログラムでは入力画面を「表示」と「チェック」で兼用で使っています。そのため、それを切り分けなければなりません。これは、「$_POST」が空でないかを確認することで、「フォームが送信された」ことを確認することができます（1）。

「!empty($_POST)」の戻り値がtrueである場合、つまりフォームが送信されていた場合には、内容をチェックしていきます。ここでは、名前、メールアドレス、パスワードのそれぞれが空であるかを確認し、「$error」という配列を作成して、そこに「blank」と入れておきます（2）。

これは、あとでエラーメッセージを出力するために使用します。配列の名前や、「blank」という値自体には意味はなく、見分けがつけば「空」などでも構いませんし「1」などでもよいでしょう。また、パスワードの文字数も「strlen」ファンクションで確認し、4文字以下である場合は「length」というエラーとして記録しています（3）。

こうして、すべての確認が終わったら、「`$error`」配列が空であるかを判断します(**4**)。もし、空の場合にはすべての項目が正常に代入されていることが分かりますので、セッションに値を保存して、「`header`」ファンクション(Chapter 3-22)で次の画面に移動しています。

ニックネームのチェック機能を作る

続いて、今作った「`$error`」配列を使ってユーザーに、異常箇所を知らせてあげましょう。
ニックネームのHTMLを次のように変更します。

/join/index.php

```
01  <dt>ニックネーム<span class="required">必須</span></dt>
02  <dd>
03      <input type="text" name="name" size="35" maxlength="255" />
04      <?php if ($error['name'] == 'blank'): ?>   …5
05      <p class="error">* ニックネームを入力してください</p>
06      <?php endif; ?>
07  </dd>
```

5では、「`$error`」配列のキーが「`name`」の内容を見ています。ここには、ニックネームが空だった場合に「`blank`」という内容が代入されています。そこで、もし空だった場合(「`blank`」だった場合)にはエラーメッセージを表示するというわけです(図6-4-2)。

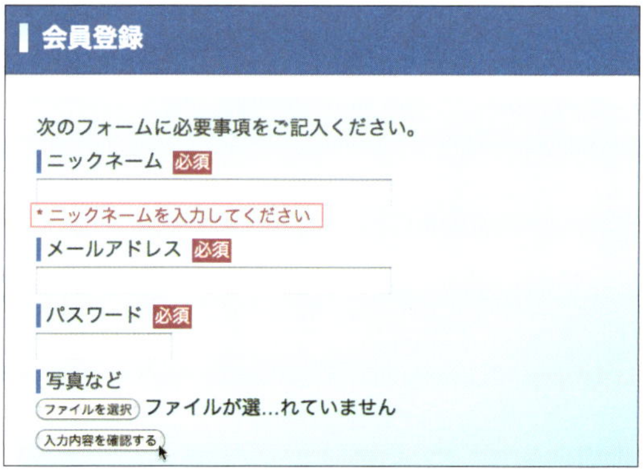

図6-4-2

では、今度はニックネーム欄に適当な名前を記入して送信してみましょう。まだ、メールアドレスなどが正常に入力されていないため、再び入力画面に戻ってしまいます。この時、先程入力した名前は消えてしまいます。このままでは非常に不便なので、入力した内容は常に再現されるようにしましょう。HTMLを次のように変更します。

/join/index.php

```
01  <dt>ニックネーム<span class="required">必須</span></dt>
02  <dd>
03      <input type="text" name="name" size="35" maxlength="255" value="<?php echo
        htmlspecialchars($_POST['name'], ENT_QUOTES); ?>" />  …6
04      <?php if ($error['name'] == 'blank'): ?>
05      <p class="error">* ニックネームを入力してください</p>
06      <?php endif; ?>
07  </dd>
```

こうして、value属性に入力した内容を表示させれば、値を再現できます。

このとき、「htmlspecialchars」ファンクション(P.095)にかけてから表示をしないと、入力された文字によっては画面が壊れてしまったりするので、決まり文句として入れておきましょう(6)。

すべての項目にチェック処理を追加する

この調子で、すべての項目について同じように処理を入れていきます。
次のようなHTMLに修正します。

/join/index.php

```
01  <form action="" method="post" enctype="multipart/form-data">
01      <dl>
02          <dt>ニックネーム<span class="required">必須</span></dt>
03          <dd>
04              <input type="text" name="name" size="35" maxlength="255"
    value="<?php echo htmlspecialchars($_POST['name'], ENT_QUOTES); ?>" />
05              <?php if ($error['name'] == 'blank'): ?>
06              <p class="error">* ニックネームを入力してください</p>
07              <?php endif; ?>
08          </dd>
09          <dt>メールアドレス<span class="required">必須</span></dt>
10          <dd>
11              <input type="text" name="email" size="35" maxlength="255"
    value="<?php echo htmlspecialchars($_POST['email'], ENT_QUOTES); ?>" />
12              <?php if ($error['email'] == 'blank'): ?>
13              <p class="error">* メールアドレスを入力してください</p>
14              <?php endif; ?>
15          </dd>
16          <dt>パスワード<span class="required">必須</span></dt>
17          <dd>
18              <input type="password" name="password" size="10" maxlength="20"
    value="<?php echo htmlspecialchars($_POST['password'], ENT_QUOTES); ?>" />
19              <?php if ($error['password'] == 'blank'): ?>
20              <p class="error">* パスワードを入力してください</p>
21              <?php endif; ?>
22              <?php if ($error['password'] == 'length'): ?>
```

```
23              <p class="error">* パスワードは4文字以上で入力してください</p>
24              <?php endif; ?>
25          </dd>
26          <dt>写真など</dt>
27          <dd><input type="file" name="image" size="35"  /></dd>
28      </dl>
29      <div><input type="submit" value="入力内容を確認する" /></div>
30  </form>
```

画像のチェック機能を作る

続いて、画像についても検査をしていきましょう。
このプログラムでは、次のようなルールで検査をします。

> アップロードしたファイルの拡張子が「.gif」または「.jpg」であるかを確認する

次のように、index.phpの冒頭のプログラムを作り変えます。「member_picture」フォルダをこのアプリケーションのルートフォルダ(post)に作成します。もしレンタルサーバーなど外部サーバを利用している場合はFTPソフトで権限を「777（書き込み、読み込み、実行すべて可能）」に設定しておいてください(P.129)。

/join/index.php

```
01  ...
02      if ($_POST['password'] == '') {
03          $error['password'] = 'blank';
04      }
05      $fileName = $_FILES['image']['name'];    …7
06      if (!empty($fileName)) {
07          $ext = substr($fileName, -3);
08          if ($ext != 'jpg' && $ext != 'gif') {
09              $error['image'] = 'type';
10          }
11      }
12
13      if (empty($error)) {
14          // 画像をアップロードする    …8
15          $image = date('YmdHis') . $_FILES['image']['name'];
16          move_uploaded_file($_FILES['image']['tmp_name'], '../member_picture/' . $image);
17
18          $_SESSION['join'] = $_POST;
19          $_SESSION['join']['image'] = $image;    …9
20          header('Location: check.php');
```

```
 21          exit();
 22      }
 23  ...
```

順番に見ていきましょう。まず、7 からの一連の処理ではファイルのチェックを行っています。
「$_FILES」はファイルアップロードのときに、ファイルが代入される変数でinput要素のname属性がキーとなります。つまり、ここでは「$_FILES['image']」とします。この配列はさらに連想配列(P.067)となっており、ファイル名や一時的にアップロードされたファイル名などが代入されています。
ここでは、「$_FILES['image']['name']」でいったん$fileNameという変数に取り出しています(例えば、「me.jpg」というファイル名を取り出します)。
この変数が空でないかを「empty」ファンクションの否定(!)で判断します。画像ファイルは必須項目ではないため、指定されていない場合もあります。その場合には、検査をしないようにしているわけです。
続いて、「substr」ファンクションを使って拡張子を取り出します。拡張子を取り出すには「後ろから3番目から3文字切り出す」という動作を行います。substrファンクションの2番目のパラメータ(開始位置)にはマイナスの値を指定すると後ろから数えますので、-3を指定することで「後ろから3番目」を指定できるわけです。これで、例えば「me.jpg」だったら「jpg」が取り出せます。これを「$ext」変数に代入しました。

最後に、この変数の値が「jpg」か「gif」のいずれでもなければ、正しい画像形式ではないため「$error」変数に「type」という値を代入しておいて、印をつけておくというわけです。
さて、続けてみていきましょう。8 の処理は入力項目に異常がなかった場合の処理です。ここで、ファイルをアップロードしていきます。ファイルのアップロードには「move_uploaded_file」ファンクション(P.127)を使います。ここでファイル名に注目しておきましょう。例えば「me.jpg」というファイルをアップロードした場合、実際のファイル名は次のようになります。

```
20100801131512me.jpg
```

前に付加されているのは、今の時間です。なぜなら、利用者が利用したファイル名では、他の人と重なってしまうおそれがあります。そこで、時間をファイル名に使えば1秒以内にファイルをアップロードされなければ、絶対に重なることのないファイル名を作ることができるのです。
さらに、その最後にオリジナルのファイル名を付加すれば、ほぼ重なることはありません。また、これはもう1つ利点があり、拡張子をそのまま利用することができます。このプログラムでは「GIF」と「JPEG」を指定することができるため、拡張子がどちらになるかを判断しなければなりません。
しかし、オリジナルのファイル名を最後に使って拡張子もそのまま継承すれば、気を使う必要がなくなるというわけです。
そして、あらかじめ作成した「member_picture」フォルダに保存しました。最後に、今作ったファイル名をセッションに保存しておきます(9)。これで、ファイルアップロードの処理が完成です。

エラーメッセージを表示させる

さて、最後にエラーメッセージを表示しておきましょう。HTMLを次のように書き加えます。

/join/index.php

```
01   ...
02       <dt>写真など</dt>
03       <dd>
04           <input type="file" name="image" size="35"  />
05           <?php if ($error['image'] == 'type'): ?>   …10
06           <p class="error">* 写真などは「.gif」または「.jpg」の画像を指定してください</p>
07           <?php endif; ?>
08           <?php if (!empty($error)): ?>   …11
09           <p class="error">* 恐れ入りますが、画像を改めて指定してください</p>
10           <?php endif; ?>
11       </dd>
12   ...
```

10は、これまでと同様にファイルの形式が正しくない場合に表示されるエラーメッセージです。
11はなんでしょう？

例えば、画像を正しく指定して、名前かメールアドレスを空白にしてアップロードしてみてください（図6-4-3）。ファイル名は消えてしまいます。もしも、「value」属性に値を挿入しようとしても再現されません。これは、HTMLの仕様として<u>ファイルアップロードのカラムは再現することができない</u>ためです。

そのため、何らかのエラーが発生した場合（!empty($error)）に、改めて指定してもらえるようにメッセージを指定しているというわけです。これで入力画面が完成です。

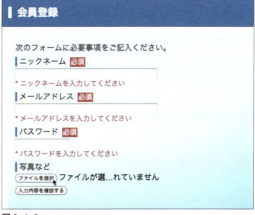

図6-4-3

TIPS
セッションが正常に動作しない場合はP.119を確認してください。

Chapter 6-5

周辺の画面と処理を作る

続いて、情報を入力した後に表示される確認画面や、情報を書きなおすための画面を作成しましょう。そののち、データベースに情報を登録していくプログラムを作ります。

入力された情報を表示する

すべての情報を正しく入力すると、確認画面に移動します。この時、すでにセッションに入力された情報は保存されています。
check.phpの内容を作成していきましょう。

/join/check.php

```
01  <?php
02  session_start();
03
04  if (!isset($_SESSION['join'])) {    …1
05      header('Location: index.php');
06      exit();
07  }
08  ?>
09  ...
10  <form action="" method="post">
11      <dl>
12          <dt>ニックネーム</dt>
13          <dd>
14              <?php echo htmlspecialchars($_SESSION['join']['name'], ENT_QUOTES); ?>
15          </dd>
16          <dt>メールアドレス</dt>
17          <dd>
18              <?php echo htmlspecialchars($_SESSION['join']['email'], ENT_QUOTES); ?>
19          </dd>
20          <dt>パスワード</dt>
21          <dd>
22              【表示されません】
23          </dd>
24          <dt>写真など</dt>
25          <dd>
26              <img src="../member_picture/<?php echo htmlspecialchars($_SESSION['join']['image'], ENT_QUOTES); ?>" width="100" height="100" alt="" />
27          </dd>
```

```
28        </dl>
29        <div><a href="index.php?action=rewrite">&laquo; 書き直す
   </a> | <input type="submit" value="登録する" /></div>
30    </form>
31  ...
```

入力画面で、入力した内容を<u>セッション</u>（Chapter 3-25）に記録しておきました。そこで、はじめにそのセッションの情報を取り出します。しかし、もしこの時「$_SESSION['join']」になにも含まれていなかった場合は、入力画面を経ずに直接check.phpが呼び出された可能性があります。
そこで、この場合にはそれ以上処理を続けずに入力画面である「index.php」に移動させています（❶）。
確認画面では、セッションの内容を表示させています。ユーザーの入力した内容を画面に表示するときは、忘れずに「<u>htmlspecialchars</u>」をかけて、不正な利用を防止しておきましょう。
チェック画面では、間違いに気がついた場合に入力画面にもどる「書き直す」機能と、実際に登録作業を行う「登録する」ボタンがあります。
「書き直す」の方は、「index.php?action=rewrite」というリンク先を指定させています。これについては、この後作成していきましょう。

書き直しの機能を追加する

実際の登録画面の前に、まずは書き直し機能を作成しておきましょう。「index.php」の冒頭のプログラムの最後に、次のように書き加えます。

/join/index.php

```
01  ...
02        $_SESSION['join'] = $_POST;
03        $_SESSION['join']['image'] = $image;
04        header('Location: check.php');
05        exit();
06    }
07  }
08
09  // 書き直し
10  if ($_REQUEST['action'] == 'rewrite') {    …❷
11      $_POST = $_SESSION['join'];
12      $error['rewrite'] = true;
13  }
14  ?>
15  <!DOCTYPE html>
16  ...
```

❷の記述が加わりました。これは、URLパラメータの「action」が「rewrite」という内容だった

場合、つまりURLに「index.php?action=rewrite」と指定された場合というif構文です。
先程の確認画面で「書き直す」のリンクに設定したリンク先が、まさにこの形になっていました。つまり「書き直す」という作業をする場合です。

書き直す場合、入力画面が再び真っ白になってしまっては、いちから入力し直しになってしまうため、先ほど入力した内容を再現しておきたくなります。しかし「$_POST」の内容は空っぽです。
そこで、「$_POST」に「$_SESSION['join']」の内容を書き戻します。こうすることで、フォームに入力されている内容を再現することができるというわけです。

また、「$error['rewrite']」に「true」を代入しています。これは、処理自体にはあまり意味はありません。実際に書き直し画面に移動してみてください（図6-5-1）。
写真のアップロード箇所に、エラーメッセージが表示されます。先程の通り、ファイルアップロードのカラムは値を再現することができないため、改めて画像を指定してもらう必要があります。そこで、このメッセージを出すために意味のない「$error['rewrite']」という変数を利用したというわけです。

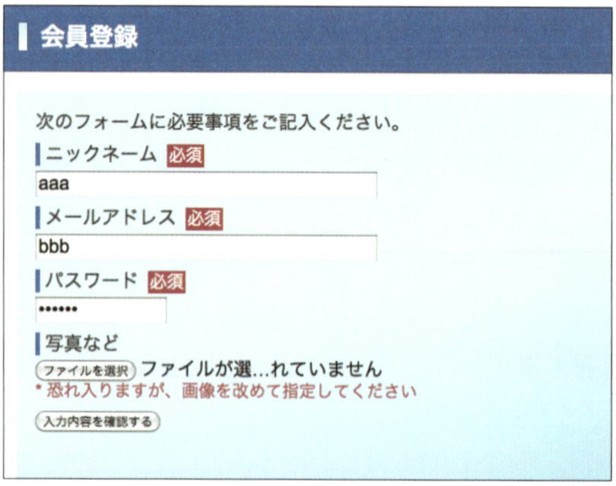

図6-5-1

データベース接続のプログラムを作る

それではいよいよデータベースへの登録手続きをしましょう。まずは、データベースに接続する必要があるので、Chapter 5でも作成した「dbconnect.php」を作成しておきます。「join」フォルダ内ではなく、ルートフォルダに作成します。選択するデータベース名が「mini_bbs」に変わっています。

/dbconnect.php

```php
<?php
try {
    $db = new PDO('mysql:dbname=mini_bbs;host=127.0.0.1;charset=utf8', 'root', '');
} catch (PDOException $e) {
    echo 'DB接続エラー：' . $e->getMessage();
}
?>
```

——MAMPでは'root'とします

データベースに登録する

続いて、このファイルを「require」ファンクション（P.221）で読み込みます。「check.php」を変更しましょう。

check.php

```php
01  <?php
02  session_start();
03  require('../dbconnect.php'); …3
04
05  if (!isset($_SESSION['join'])) {
06      header('Location: index.php');
07      exit();
08  }
09
10  if (!empty($_POST)) { …4
11      // 登録処理をする
12      $statement = $db->prepare('INSERT INTO members SET name=?, email=?, password=?, picture=?, created=NOW()');
13      echo $ret = $statement->execute(array(
14          $_SESSION['join']['name'],
15          $_SESSION['join']['email'],
16          sha1($_SESSION['join']['password']),
17          $_SESSION['join']['image']
18      ));
19      unset($_SESSION['join']); …5
20
21      header('Location: thanks.php');
22      exit();
23  }
24  ?>
25  ...
26  <form action="" method="post">
27      <input type="hidden" name="action" value="submit" />
28      <dl>
29  ...
```

3で、dbconnect.phpを呼び出しています。これでデータベースに接続できます。メインの処理は**4**です。prepareメソッド(P.209)でSQLを組み立て、セッションに保存した値をそれぞれセットしていきます。この時、パスワードのみ「sha1」ファンクションを使って暗号化しています。これにより、パスワードは次のような意味不明な文字列に変わります。

```
12345  ⇨  8cb2237d0679ca88db6464eac60da96345513964
```

こうして、パスワードの安全性を高めているわけです。SQLができあがったら、これを「execute」メソッド(P.210)でデータベースに実行しましょう。続いて**5**です。ここでは、「unset」ファンクション(P.117)を使って、「$_SESSION['join']」変数、つまり入力情報を削除しています。データベースには既に登録したので重複登録などを防ぐために、セッションから消したわけです。

あとは、「thanks.php」に移動させればこの画面の役割は終了です。図6-5-2のように、実際にphpMyAdminでデータが挿入されていることを確認してみてください。

図6-5-2

完了画面には特にプログラムを設置する必要はありません。このあと作るログイン画面へのリンクを張っておきましょう。これで、会員登録の一連の流れは完了です。

アカウントの重複を確認する

もう1つ、問題点があります。現状のプログラムでは、同じアカウント（メールアドレス）で何度も登録ができてしまうため、誤ってすでに会員の人が登録してしまった場合などに、アカウントが重複してしまいます。そこで、「重複確認」も行うようにしましょう。index.phpを次のように変更します。

/join/index.php

```
01  <?php
02  require('../dbconnect.php');   …6
03
04  session_start();
05
06  if (!empty($_POST)) {
07  ...
08      $fileName = $_FILES['image']['name'];
09      if (!empty($fileName)) {
10          $ext = substr($fileName, -3);
11          if ($ext != 'jpg' && $ext != 'gif') {
12              $error['image'] = 'type';
13          }
14      }
15
16      // 重複アカウントのチェック   …7
17      if (empty($error)) {
18          $member = $db->prepare('SELECT COUNT(*) AS cnt FROM members WHERE email=?');
19          $member->execute(array($_POST['email']));
20          $record = $member->fetch();
21          if ($record['cnt'] > 0) {
22              $error['email'] = 'duplicate';
23          }
24      }
```

```
25      if (empty($error)) {
26  ...
27
28          <dt>メールアドレス<span class="required">必須</span></dt>
29          <dd>
30              <input type="text" name="email" size="35" maxlength="255"
    value="<?php echo htmlspecialchars($_POST['email'], ENT_QUOTES); ?>" />
31              <?php if ($error['email'] == 'blank'): ?>
32              <p class="error">* メールアドレスを入力してください</p>
33              <?php endif; ?>
34              <?php if ($error['email'] == 'duplicate'): ?>  …8
35              <p class="error">* 指定されたメールアドレスはすでに登録されています</p>
36              <?php endif; ?>
37          </dd>
38          <dt>パスワード<span class="required">必須</span></dt>
39          <dd>
40  ...
```

まずは、データベースへの接続が必要になるので「dbconnect.php」を「require」ファンクションで参照します（6）。

そして、重複を確認していきましょう（7）。重複を確認するのは「members」テーブルから、入力されたメールアドレスのレコードが保存されているかどうかで確認することができます。

ここでは、SQLのCOUNT句を利用しているため、もし存在していたらその件数を取得することができます。prepareメソッドやexecuteメソッドを使ってSQLを発行し、その結果をfetchメソッドで取り出しましょう。

こうして、$record['cnt']で件数を取り出すことができます。この値が1以上である場合には、そのメールアドレスが既に登録されていることが分かります。

そこで、エラーとして記録しておきます。ここでは「$error['email']」を「duplicate（重複）」としておきました。

この変数は8で利用することになります。ここで、重複している旨のエラーメッセージを表示するというわけです。これで、同じメールアドレスを登録されるのを防ぐことができます。

ここでは、SQLのCOUNT句を利用しているため、もし存在していたらその件数を取得することができます。prepareメソッドやexecuteメソッドを使ってSQLを発行し、その結果をfetchメソッドで取り出しましょう。

こうして、$record['cnt']で件数を取り出すことができます。

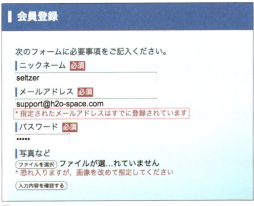

図6-5-3

Chapter 6-6

ログインの仕組みを作成する

続いて、今登録した会員情報でログインをする画面と処理を作成しましょう。

ログイン画面のHTMLを作る

まずは、図6-6-1のようなログイン画面を作ります。次のようなHTMLをアプリケーションのルートフォルダ（post）に準備します。

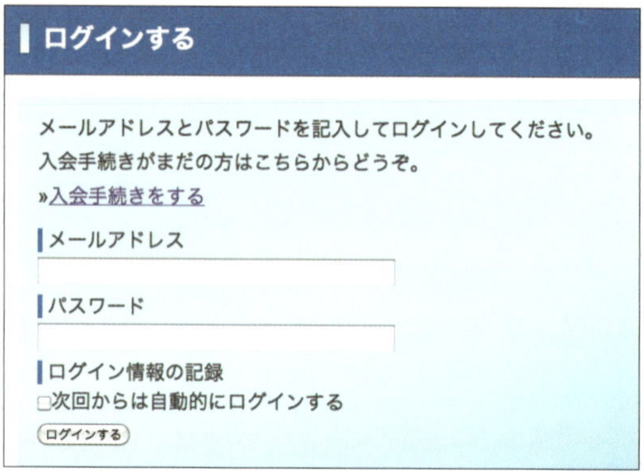

図6-6-1

/login.php

```
01  <div id="lead">
02  <p>メールアドレスとパスワードを記入してログインしてください。</p>
03  <p>入会手続きがまだの方はこちらからどうぞ。</p>
04  <p>&raquo;<a href="join/">入会手続きをする</a></p>
05  </div>
06  <form action="" method="post">
07      <dl>
08          <dt>メールアドレス</dt>
09          <dd>
10          <input type="text" name="email" size="35" maxlength="255" />
11          </dd>
12          <dt>パスワード</dt>
            <dd>
13          <input type="password" name="password" size="35" maxlength="255" />
14          </dd>
15          <dt>ログイン情報の記録</dt>
16          <dd>
17          <input id="save" type="checkbox" name="save" value="on"><label for="save">次回からは自動的にログインする</label>
18          </dd>
```

```
19      </dl>
20      <div><input type="submit" value="ログインする" /></div>
21    </form>
```

ログイン機能を追加する

続いて、プログラムを作っていきましょう。まずは、ログインの仕組みを作成します。login.phpの先頭を次のように変更します。

/login.php

```
01  <?php
02  require('dbconnect.php');
03
04  session_start();
05
06  if (!empty($_POST)) {   …1
07    // ログインの処理
08    if ($_POST['email'] != '' && $_POST['password'] != '') {   …2
09      $login = $db->prepare('SELECT * FROM members WHERE email=? AND password=?');   …3
10      $login->execute(array(
11        $_POST['email'],
12        sha1($_POST['password'])
13      ));
14    $member = $login->fetch();
15
16      if ($member) {   …4
17        // ログイン成功
18        $_SESSION['id'] = $member['id'];
19        $_SESSION['time'] = time();
20
21        header('Location: index.php'); exit();
23      } else {
24        $error['login'] = 'failed';   …5
25      }
26    } else {
27      $error['login'] = 'blank';   …6
28    }
29  }
30  ?>
31  ...
32      <form action="" method="post">
33        <dl>
34          <dt>メールアドレス</dt>
35          <dd>
36            <input type="text" name="email" size="35" maxlength="255"
37  value="<?php echo htmlspecialchars($_POST['email'], ENT_QUOTES); ?>" />
```

```
38              <?php if ($error['login'] == 'blank'): ?>
39              <p class="error">* メールアドレスとパスワードをご記入ください</p>
40              <?php endif; ?>
41              <?php if ($error['login'] == 'failed'): ?>
42              <p class="error">* ログインに失敗しました。正しくご記入ください。</p>
43              <?php endif; ?>
44          </dd>
45          <dt>パスワード</dt>
46          <dd>
47              <input type="password" name="password" size="35" maxlength="255"
    value="<?php echo htmlspecialchars($_POST['password'], ENT_QUOTES); ?>" />
48          </dd>
49          <dt>ログイン情報の記録</dt>
50  ...
```

一気に長いプログラムを記述しましたが、今までの応用のプログラムばかりなので、じっくり読めば必ず理解できるはずです。少しずつ解説していきましょう。

このプログラムでは、入会フォームと同様、form要素のaction属性が空になっているため、同じファイル（login.php）に送信されます。そのため、ファイルの冒頭にプログラムを記述していきます。

まず、■1ではログインボタンがクリックされているかを確認しています。さらに■2では「email」と「password」の両方のフィールドが記入されているかを確認しています。されていない場合は「blank」というエラーを発生して、記入を促します（■6）。

両方記入されていた場合は■3で、データベースから記入されたメールアドレスおよびパスワードのデータを検索します。このとき、パスワードはSHA1によって暗号化されて保管されているため、ここでも「sha1」ファンクションで暗号にしてから条件としなければなりません。

こうして検索したときにレコードが存在していたら、ログインは成功です。セッションにいくつかの情報を記憶して、トップページに移動しています。ここでセッションに記憶した内容は、この後解説しましょう（■4）。

もしもデータが存在しなかった場合は、パスワードが間違えているか、または会員登録されていないようです。そのため、「failed」というエラーを発生させています（■5、図6-6-2）。
こうして、ログイン画面の基本的な作りは完成です。

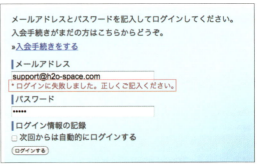

図6-6-2

ログイン情報を残せるようにする

よく使うサイトの場合、毎回ログイン情報を入力するのは面倒です。そこで、ログイン情報を記録して次回以降はスムーズにログインができるようにしましょう。

ログイン情報はCookieに保存します。セッションとCookieは一見ややこしく思いますが、セッションはWebブラウザを閉じると消えてしまうため、「次回まで残しておく」という用途の場合はCookieを使うのです。それでは、`login.php`を次のように変更しましょう。

/login.php

```php
01  <?php
02  require('dbconnect.php');
03
04  session_start();
05
06  if ($_COOKIE['email'] != '') {    …7
07      $_POST['email'] = $_COOKIE['email'];
08      $_POST['password'] = $_COOKIE['password'];
09      $_POST['save'] = 'on';
10  }
11
12  if (!empty($_POST)) {
13    // ログインの処理
14    if ($_POST['email'] != '' && $_POST['password'] != '') {
15      $login = $db->prepare('SELECT * FROM members WHERE email=? AND password=?');
16      $login->execute(array(
17        $_POST['email'],
18        sha1($_POST['password'])
19      ));
20      $member = $login->fetch();
21
22      if ($member) {
23        // ログイン成功
24        $_SESSION['id'] = $member['id'];
25        $_SESSION['time'] = time();
26
27            // ログイン情報を記録する
28            if ($_POST['save'] == 'on') {    …8
29                setcookie('email', $_POST['email'], time()+60*60*24*14);
30                setcookie('password', $_POST['password'], time()+60*60*24*14);
31            }
32  ...
```

まずは、8から見ていきましょう。ログインに成功した場合、その情報をCookieに保存しています。図6-6-3のチェックボックスにチェックを入れると、「`$_POST['save']`」の値が「`on`」になるのでこれで判断をします。cookieへの保存は「setcookie」ファンクションで、3番目のパラメータに

「60*60*24*14秒」つまり、14日間の保存期間を設定しているというわけです。

続いて7を見ていきましょう。Cookieにログイン情報が保存された状態で、このページにアクセスしてきた場合は「$_COOKIE」変数に各情報が保管されることになります。そこで、「$_COOKIE['email']」に値が入っていた場合はCookie保存をしたと判断して、「$_POST」に情報を代入しています。こうすることでログイン動作をしたのと同じ状態となります。また、「$_POST['save']」を「on」に設定しているので、これによって改めてCookieに新しい有効期間が設定されます。こうして、「最後のログインから2週間保存する」という設定が行えるわけです。

図6-6-3

これで自動ログインが行えるようになりました。

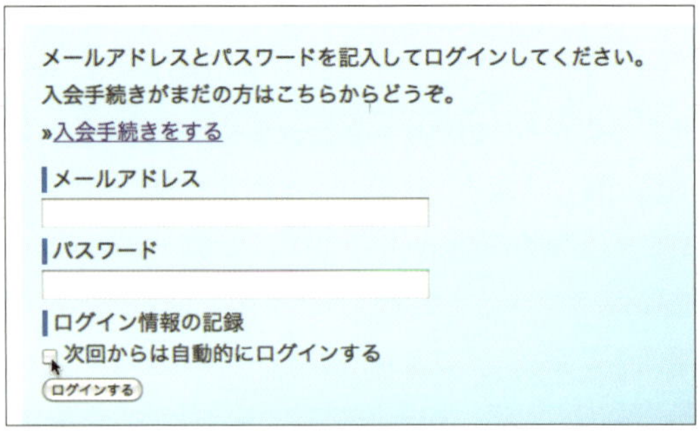

COLUMN

SHA1とは

本文内で、パスワードを記録するときに「sha1」というファンクションを利用しています。これは、「暗号化」を行うためのもの。

パスワードをそのままの形でデータベースに記録すると、万が一データベースの内容が盗まれたときなどにパスワードが分かってしまいます。そこで暗号にして記録するのです。暗号化にはさまざまな方式があり、ここでは「SHA1」という形式を利用しています。

SHA1は「不可逆暗号」と呼ばれる暗号化方式です。例えばパスワードが「12345」だったとします。これをSHA1で暗号化すると、次のようになります。

```
8cb2237d0679ca88db6464eac60da96345513964
```

しかし、この暗号にしたものから元の「12345」という情報には戻すことができません。そのため、もしもパスワードを忘れてしまった場合は誰にも元の情報がなんだったのかを知るすべがないのです。ただし、不可逆暗号の場合、「同じ情報を暗号化すると、必ず同じ文字のパターンになる」という法則があります。

つまり、「12345」をSHA1で暗号化した場合は、必ず先の文字の並びになるのです。この法則を利用すれば、ユーザーが自分のパスワードを入力したとき、データベースに記録されているSHA1で暗号化されたパスワードと、入力された値をSHA1で暗号にしたものを比べれば、「それが正しいかどうか」の判断はできるというわけです。こうして、パスワードを記録・利用しています。

なお、パスワードの記録にはさらに安全性を高める工夫として、「ソルト」と呼ばれる情報を付加する方法や間違えた回数を記録してロックをかける方法などもあります。

興味があれば、学習してみると良いでしょう。

Chapter 6-7

投稿画面を作る

続いて投稿画面を作成しましょう。投稿は、一覧画面と同じ画面で行うことができるようにします。

投稿画面のHTMLを作る

次のようなHTMLを「post」フォルダに「index.php」の名前で作成しましょう。「join」フォルダ内のindex.phpとは別のファイルを作成します。CSSファイルは適宜ご用意ください。

/index.php

```
01      <form action="" method="post">
02         <dl>
03            <dt>メッセージをどうぞ</dt>
04            <dd>
05               <textarea name="message" cols="50" rows="5"></textarea>
06            </dd>
07         </dl>
08         <div>
09            <input type="submit" value="投稿する" />
10         </div>
11      </form>
```

投稿画面には、メッセージを書き込むためのテキストエリアだけがあります。すでにログインをしているユーザーだけが使う画面なので、ニックネームやメールアドレスなどはログイン情報から取得することができ、非常にシンプルな画面になりました。

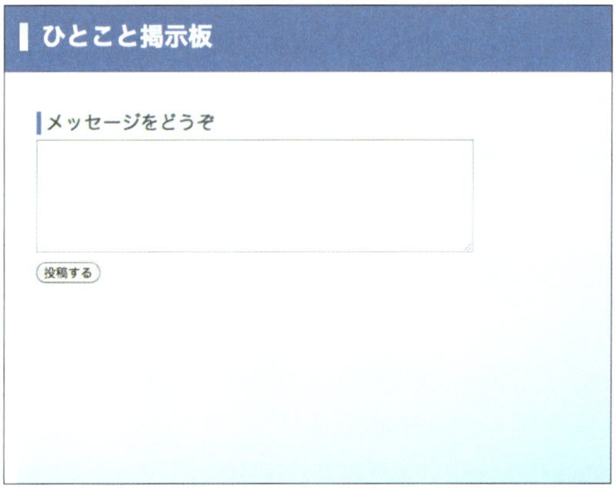

図6-7-1

ログイン状態をチェックする

さて、この画面は先の通りログインをしているユーザーしか見ることができないようにする必要があります。そこで、ログイン状態をチェックするプログラムを加えましょう。ファイルの冒頭に次のようなプログラムを記述します。

/index.php

```
01  <?php
02  session_start();
03  require('dbconnect.php');
04
05  if (isset($_SESSION['id']) && $_SESSION['time'] + 3600 > time()) {   …1
06      // ログインしている
07      $_SESSION['time'] = time();
08
09      $members = $db->prepare('SELECT * FROM members WHERE id=?');
10      $members->execute(array($_SESSION['id']));
11      $member = $members->fetch();
12  } else {
13      // ログインしていない
14      header('Location: login.php'); exit();
15  }
16  ?>
17  <!DOCTYPE html>
18  ...
19      <div id="content">
20          <form action="" method="post">
21          <dl>
22              <dt><?php echo htmlspecialchars($member['name'], ENT_QUOTES); ?>さ
    ん、メッセージをどうぞ</dt>   …2
23              <dd>
24                  <textarea name="message" cols="50" rows="5"></textarea>
25              </dd>
26  ...
```

1 では、ログインしている状態であるかを検査しています。次のような検査をすることでログイン状態であることを検査することができます。

・idがセッションに記録されている
・最後の行動から1時間以内である

という条件になります。そこで、ログインした時に記録した「$_SESSION['time']」に60×60（秒）、つまり60分を足した時間が現在の時刻よりも高くなることを確かめましょう。どちらもクリアした場合には、ログインしていることが分かります。

その後、「$_SESSION['time']」を今の時間で上書きして最後のアクションを記録します。これにより、今からさらに60分間ログインが有効になりました。

いずれかの条件が満たされなかった場合には、ログイン画面にheaderファンクションで移動させます。これで、ログインチェックが完了です。

ログインチェックを通過した場合は、データベースから会員情報を検索します。こうして、ニックネームなどを取得することができます。取得できたことを分かりやすくするように、2 のようにニックネームを表示して、マイページっぽさを演出してもよいでしょう（図6-7-2）。

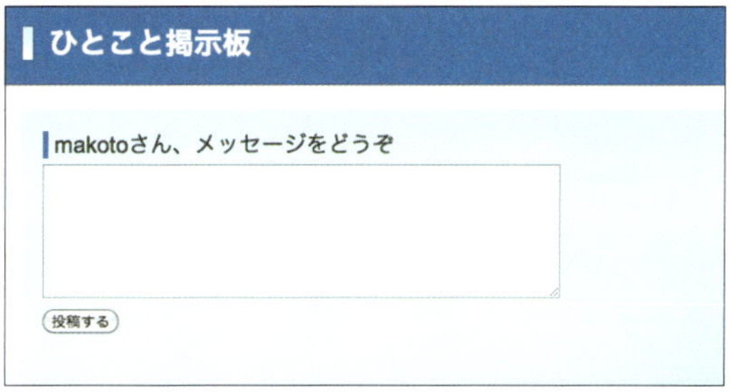

図6-7-2

データベースに投稿内容を登録する

続いて、「投稿する」ボタンをクリックした時の処理を記述します。ログイン処理などと同様、form要素の「action」属性は空になっているので、index.phpに送信されます。ファイルの冒頭を次のように変更しましょう。

/index.php

```
01  <?php
02  session_start();
03  require('dbconnect.php');
04  ...
05      // ログインしていない
06      header('Location: login.php');
07      exit();
08  }
09
10  // 投稿を記録する
11  if (!empty($_POST)) {  …3
12    if ($_POST['message'] != '') {
13      $message = $db->prepare('INSERT INTO posts SET member_id=?, message=?, created=NOW()');
14      $message->execute(array(
15        $member['id'],
16        $_POST['message']
17      ));
18
19      header('Location: index.php'); exit();  …4
20
21    }
22  }
23  ?>
```

3にプログラムを書き加えています。「$_POST」に値が入っているか、つまりフォームから送信されたかを確認し、さらに「$_POST['message']」が空でないかを確認します。そしたら、先のログインチェックで取り出したメンバーのIDと、メッセージを使って「posts」テーブルにデータを保存します。これで、投稿が行えました。実際にphpMyAdminなどで内容を確認してみましょう(図6-7-3)。

図6-7-3

さて、投稿処理の最後に「header」ファンクションで再びindex.phpにジャンプをさせています(4)。これは、投稿の重複を防ぐ処理です。この処理はあってもなくても表示される画面にはかわりがありません。しかし、「再読込み」ボタンをクリックするなどしてリロードしようとすると図6-7-4のような画面が表示され、さらに「送信」ボタンをクリックすると、投稿が重複して記録されてしまいます。

これは、フォームを送信したページをリロードすると、改めてフォームの内容が送信されるというWebの特性によるもの。これを防ぐために、「header」ファンクションでジャンプさせて情報を削除しているというわけです。

図6-7-4

投稿内容を表示するための仮のHTMLを作る

続いて、投稿された内容を表示してみましょう。まずは、HTMLを作成します。フォームの下に、メッセージを配置しました。スタイルを整えて図6-7-5のようにします。

図6-7-5

/index.php

```
01    ...
02            <div>
03              <p>
```

268　Chapter 6　「Twitter風ひとこと掲示板」を作成する

```
04                <input type="submit" value="投稿する" />
05            </p>
06          </div>
07        </form>
08
09        <div class="msg">
10          <img src="member_picture/me.jpg" width="48" height="48" alt="makoto" />
11          <p>こんにちは<span class="name">（makoto）</span></p>
12          <p class="day">2018/03/11 2:11</p>
13        </div>
14      </div>
15 ...
```

実際の投稿内容を表示する

それでは、ここにプログラムを組み込んで、実際にメッセージを表示してみましょう。まずは、冒頭のプログラムを次のように変更します。

/index.php

```
01 // 投稿を記録する
02 if (!empty($_POST)) {
03   if ($_POST['message'] != '') {
04     $message = $db->prepare('INSERT INTO posts SET member_id=?, message=?, created=NOW()');
05     $message->execute(array(
06       $member['id'],
07       $_POST['message']
08     ));
09
10     header('Location: index.php'); exit();
11   }
12 }
13
14 // 投稿を取得する   …5
15 $posts = $db->query('SELECT m.name, m.picture, p.* FROM members m, posts p WHERE m.id=p.member_id ORDER BY p.created DESC');
16 ?>
17
18 <!DOCTYPE html>
```

また、さきほどの手順で、投稿された内容を表示させるように追加したHTMLを以下のように入れ替えます。

/index.php

```
01  ...
02  
03          <div>
04              <p>
05                  <input type="submit" value="投稿する" />
06              </p>
07          </div>
08      </form>
09  
10  <?php
11  foreach ($posts as $post):   …6
12  ?>
13    <div class="msg">
14      <img src="member_picture/<?php echo htmlspecialchars($post['picture'],EN
  T_QUOTES); ?>" width="48" height="48" alt="<?php echo
  htmlspecialchars($post['name'], ENT_QUOTES); ?>" />
15      <p><?php echo htmlspecialchars($post['message'], ENT_QUOTES); ?><span
  class="name"> (<?php echo htmlspecialchars($post['name'], ENT_QUOTES); ?>) </
  span></p>
16      <p class="day"><?php echo htmlspecialchars($post['created'], ENT_QUOTES);
  ?></p>
17  </div>
18  <?php
19  endforeach;
20  ?>
21      </div>
```

　プログラム量はかなり多いですが、いずれもこれまでの応用なので簡単です。まずは、5でメッセージの情報を取り出します。この時、メンバーの名前やアイコン画像は「members」テーブルに格納され、メッセージは「posts」テーブルに格納されているので、この2つのテーブルから情報を取り出す必要があります。

　ここまでは、SQLの実行に「execute」メソッドを使ってきましたが、メッセージを一覧で取得するにはユーザーからの入力を使う必要がないため、「query」メソッドを使っています。こちらの方が簡単にデータを取り出すことができます。取り出したデータは、「$posts」という変数に代入しておきます。

続いて 6 を見ていきましょう。`foreach`構文を使って、配列の内容を1つずつ「`$post`」という変数に代入しました。この配列には、メンバー名や写真のファイル名、メッセージなどのデータが含まれています。

これを、先ほど作ったHTMLの各テンプレートにはめ込んでいけば完成です。メッセージが表示されるようになりました（図6-7-6）。

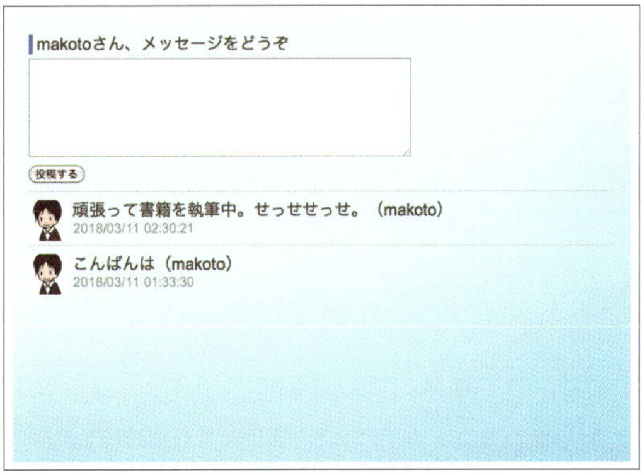

図 6-7-6

これで、基本的な機能は完成です。友達にも登録してもらって、自由にメッセージを登録してみてもらいましょう（図6-7-7）。

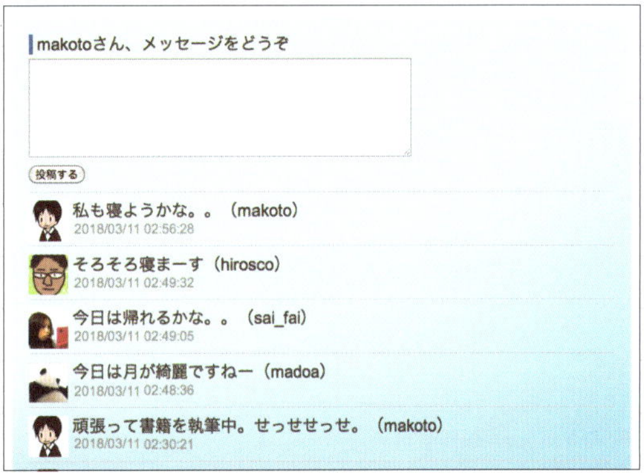

図 6-7-7

Chapter 6-8

返信機能をつける

続いて、メッセージに返信をする機能をつけてみましょう。

返信するためのHTMLを作成する

まずは、各メッセージに図6-8-1のようなリンクを設置します。HTMLとプログラムは次のように書きます。

図6-8-1

/index.php

```
01  <?php
02  foreach ($posts as $post):
03  ?>
04      <div class="msg">
05      <img src="member_picture/<?php echo htmlspecialchars($post['picture'],
    ENT_QUOTES); ?>" width="48" height="48" alt="<?php echo
    htmlspecialchars($post['name'], ENT_QUOTES); ?>" />
06      <p><?php echo htmlspecialchars($post['message'], ENT_QUOTES); ?><span
    class="name"> (<?php echo htmlspecialchars($post['name'], ENT_QUOTES); ?>) </
    span>
07  [<a href="index.php?res=<?php echo htmlspecialchars($post['id'], ENT_QUOTES);
    ?>">Re</a>]</p>   …1
08      <p class="day"><?php echo htmlspecialchars($post['created'], ENT_
    QUOTES); ?></p>
09      </div>
10  <?php
11  endforeach;
12  ?>
```

かなり混み入っているので、気をつけて書き加えましょう。■の部分です。「[Re]」と書いた文字にリンクを張ります。リンク先は、例えば次のようなものになります。これで、「1番のメッセージへの返信である」ことを示すわけです。

```
01  index.php?res=1
```

返信機能を追加する

「[Re]」がクリックされた場合のプログラムを次のように作っていきます。

/index.php
```
01  ...
02          header('Location: index.php');
03          exit();
04      }
05  }
06
07
08  // 投稿を取得する
09  $posts = $db->query('SELECT m.name, m.picture, p.* FROM members m, posts p
    WHERE m.id=p.member_id ORDER BY p.created DESC');
10
11  // 返信の場合    …2
12  if (isset($_REQUEST['res'])) {
13    $response = $db->prepare('SELECT m.name, m.picture, p.* FROM members m,
    posts p WHERE m.id=p.member_id AND p.id=? ORDER BY p.created DESC');
14    $response->execute(array($_REQUEST['res']));
15
16    $table = $response->fetch();
17    $message = '@' . $table['name'] . ' ' . $table['message'];
18  }
19  ?>
20  <!DOCTYPE html>
21  ...
22
23      <dt><?php echo htmlspecialchars($member['name']); ?>さん、メッセージをどうぞ</dt>
24      <dd>
25          <textarea name="message" cols="50" rows="5"><?php echo
    htmlspecialchars($message, ENT_QUOTES); ?></textarea>   …3
26          <input type="hidden" name="reply_post_id" value="<?php echo
    htmlspecialchars($_REQUEST['res'], ENT_QUOTES); ?>" />   …4
27      </dd>
28  </dl>
```

ここでは、まず先に完成イメージを見ておきま
しょう。図6-8-2のように、テキストエリアに
返信するメッセージが表示されるようになりま
す。ちなみに「@」というのは、誰かのメッセ
ージに対しての返事を意味する記号で、この記
号の前に返信メッセージを入力してもらうとい
うイメージです。この動きを実現するプログラ
ムが 2 です。

図6-8-2

返信の場合はURLパラメータに「res」というパラメータを指定しています（ 1 ）。つまり「$_
REQUEST['res']」または、「$_GET['res']」に返信先のIDが指定されていることになります。
これを判定して、SQLを作ります。
SQLの内容は、先程のメッセージをすべて取り出すものと似ていますが、「p.id=9」などの条件を加
えることで、1件だけを取り出せるようなSQLになっています。つまり、「p.id=9」の場合は

```
01  SELECT m.name, m.picture, p.* FROM members m, posts p WHERE m.id=p.member_id
    AND p.id=9 ORDER BY p.created DESC
```

の結果が`$response`に代入されます。
こうして、取り出したデータを使って標準のメッセージを作り出します。まずは、`fetch`メソッドで、
`$response`からデータを取り出して`$table`に代入します。
そして、以下のように文字連結を使ってメッセージを作ります。

```
01  $message = '@' . $table['name'] . ' ' . $table['message'];
```

まず冒頭に「@」をおいて、`$table['name']`に格納されている`members`テーブルの`name`と、
`$table['message']`に格納されている`posts`テーブルの`message`をつなげて、「`$message`」に入
れています。
あとは、これを`textarea`要素の初期値に設定すれば完成です（ 3 ）。
ただし、 4 の記述が加わっていることに注目しましょう。これは「type」属性が「hidden」になって
いるため、画面には表示されません。しかし、返信先のメッセージのidを記録しておくために、ここ
に追加しておく必要があります。

返信先の投稿IDを記録する

それでは、投稿のプログラムを少し変更してみましょう。

/index.php

```
01  //投稿を記録する
02  if (!empty($_POST)) {
03    if ($_POST['message'] != '') {
04      $message = $db->prepare('INSERT INTO posts SET member_id=?, message=?, reply_post_id=?, created=NOW()');  …5
05      $message->execute(array(
06        $member['id'],
07        $_POST['message'],   ←── 忘れずに追加
08        $_POST['reply_post_id']
09      ));
10
11      header('Location: index.php'); exit();
12    }
13  }
```

投稿のSQLに「reply_post_id」が加わりました。これは、返信先のメッセージのidを記録するカラムです。prepareメソッドで無害化した「$_POST['reply_post_id']」を記録するようにします。reply_post_idは返信のとき以外は値がありませんが、特に「if」構文などで判定する必要はありません。値がない場合は、自動的に「0」がセットされます。phpMyAdminなどで確認すると、返信先のIDが格納されていることが確認できます。

図6-8-3

> **MEMO**
> MAMPを利用している場合、このページの変更を行った後「SQLSTATE[HY000]: General error: 1364 Field 'xxxx' doesn't have a default value」のようなエラーが出る場合があります。対策については https://blog.h2o-space.com/2018/11/1749/ をご覧ください。

275

Chapter 6-9

個別画面を作る

続いて、各投稿を1件だけ見られる個別画面を作りましょう。これは、今作った一覧画面を応用すれば非常に簡単に作れます。

個別画面のHTMLを作る

ここでは、一気にプログラムを掲載しましょう。

/view.php

```
01 <?php
02 session_start();
03 require('dbconnect.php');
04
05 if (empty($_REQUEST['id'])) {   …1
06   header('Location: index.php'); exit();
07 }
08
09 // 投稿を取得する   …2
10 $posts = $db->prepare('SELECT m.name, m.picture, p.* FROM members m, posts p WHERE m.id=p.member_id AND p.id=? ORDER BY p.created DESC');
11 $posts->execute(array($_REQUEST['id']));
12 ?>
13 <!DOCTYPE html>
14 <html lang="ja">
15 <head>
16   <meta charset="UTF-8">
17   <meta name="viewport" content="width=device-width, initial-scale=1.0">
18   <meta http-equiv="X-UA-Compatible" content="ie=edge">
19   <title>ひとこと掲示板</title>
20
21   <link rel="stylesheet" href="style.css" />
22 </head>
23
24 <body>
25 <div id="wrap">
26   <div id="head">
27     <h1>ひとこと掲示板</h1>
28   </div>
29   <div id="content">
30     <p>&laquo;<a href="index.php">一覧にもどる</a></p>
```

```php
31  <?php
32  if ($post = $posts->fetch()): …3
33  ?>
34      <div class="msg">
35      <img src="member_picture/<?php echo htmlspecialchars($post['picture'], ENT_QUOTES); ?>" width="48" height="48" alt="<?php echo htmlspecialchars($post['name'], ENT_QUOTES); ?>" />
35      <p><?php echo htmlspecialchars($post['message'], ENT_QUOTES); ?><span class="name"> (<?php echo htmlspecialchars($post['name'], ENT_QUOTES); ?>) </span></p>
37      <p class="day"><?php echo htmlspecialchars($post['created'], ENT_QUOTES); ?></p>
38      </div>
39  <?php
40  else: …4
41  ?>
42      <p>その投稿は削除されたか、URLが間違えています</p>
43  <?php
44  endif;
45  ?>
46      </div>
47  </div>
48  </body>
49  </html>
```

まずは、1でURLパラメータの「id」が正しく指定されているかを検査して、なければトップページへ戻しています。これによって、不正な呼出を防ぎます。

「id」が正しく指定されていれば「$_REQUEST['id']」にそのIDが指定されていることになるので、これをSQLで指定してデータベースから取り出します（2）。

続いて、3は「index.php」からほとんどコピーして使うことができます。ただし、「index.php」では「foreach」構文を使って全件を取り出していたのが、ここでは「if」構文になっています。fetchメソッドが正しく戻り値を返してくれたら、それを画面に表示し、もし結果がなければ4のように、エラーメッセージを出力します。これは、メッセージが削除された場合やURLが間違えている場合の対処です。これで、個別画面ができあがりました。

個別画面へのリンクを設置する

個別画面へは、一覧画面の日時のところにでもリンクを張っておきましょう。下記の5にリンクを設置します。表示すると図6-9-1のようになります。

/index.php

```
01  <?php
02  foreach ($posts as $post):
03  ?>
04      <div class="msg">
05      <img src="member_picture/<?php echo htmlspecialchars($post['picture'],
06  ENT_QUOTES); ?>" width="48" height="48" alt="<?php echo
07  htmlspecialchars($post['name'], ENT_QUOTES); ?>" />
08      <p><?php echo htmlspecialchars($post['message'], ENT_QUOTES); ?><span
    class="name"> (<?php echo htmlspecialchars($post['name'], ENT_QUOTES); ?>) </
09  span>[<a href="index.php?res=<?php echo htmlspecialchars($post['id'], ENT_
    QUOTES); ?>">Re</a>]</p>
10      <p class="day"><a href="view.php?id=<?php echo
    htmlspecialchars($post['id'], ENT_QUOTES); ?>"><?php echo htmlspecialchars($p
    ost['created'], ENT_QUOTES); ?></a></p>  …5
11      </div>
12  <?php
13  endforeach;
14  ?>
```

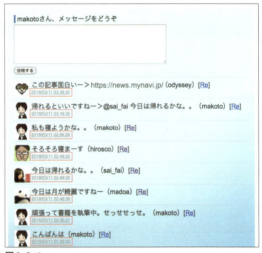

図6-9-1

返信先へのリンクを設置する

また、返信したメッセージの場合は、その返信先へのリンクを設置します。

/index.php

```
01  <?php
02  foreach ($posts as $post):
03  ?>
04  ...
05      <p class="day"><a href="view.php?id=<?php echo htmlspecialchars($post['id'], ENT_QUOTES); ?>"><?php echo htmlspecialchars($post['created'], ENT_QUOTES); ?></a>
06  <?php
07  if ($post['reply_post_id'] > 0): …6
08  ?>
09      <a href="view.php?id=<?php echo htmlspecialchars($post['reply_post_id'], ENT_QUOTES); ?>">返信元のメッセージ</a>
10  <?php
11  endif;
12  ?>
13      </p>
14      </div>
15  <?php
16  endforeach;
17  ?>
```

返信先のメッセージは、返信の場合のみ表示すればよいので、そのレコードの「`$post['reply_post_id']`」が1以上であるかを検査し、その場合のみリンクを設置しています（6）。

これで図6-9-1のようになり、このリンクをクリックすることで返信先のメッセージを確認することができるようになるというわけです。

図6-9-2

Chapter 6-10

プログラムをすっきりさせる

ここまで作ったプログラムを見てみると、メッセージを出力する部分でかなり煩雑な状態になっています。これをすっきりさせてみましょう。

ファンクション化できるところを探す

まずは`index.php`の現在のプログラムを見てみます。「htmlspecialchars」が至る所にあり、それぞれが非常に記述が長いので煩雑になっているのです。

/index.php

```php
01  <?php
02  foreach ($posts as $post):
03  ?>
04      <div class="msg">
05          <img src="member_picture/<?php echo htmlspecialchars($post['picture'], ENT_QUOTES); ?>" width="48" height="48" alt="<?php echo htmlspecialchars($post['name'], ENT_QUOTES); ?>" />
06          <p><?php echo htmlspecialchars($post['message'], ENT_QUOTES); ?><span class="name"> (<?php echo htmlspecialchars($post['name'], ENT_QUOTES); ?>) </span>[<a href="index.php?res=<?php echo htmlspecialchars($post['id'], ENT_QUOTES); ?>">Re</a>]</p>
07          <p class="day"><a href="view.php?id=<?php echo htmlspecialchars($post['id'], ENT_QUOTES); ?>"><?php echo htmlspecialchars($post['created'], ENT_QUOTES); ?></a>
08          <?php
09          if ($post['reply_post_id'] > 0):
10          ?>
11          <a href="view.php?id=<?php echo htmlspecialchars($post['reply_post_id'], ENT_QUOTES); ?>">
12          返信元のメッセージ</a>
13          <?php
14          endif;
15          ?>
16          </p>
17      </div>
18  <?php
19  endforeach;
20  ?>
```

ファンクションを作る

そこで、このファンクションを短くまとめてしまいましょう。
プログラムの冒頭に次のように記述します。

/index.php

```
01  ...
02  // 返信の場合
03  if (isset($_REQUEST['res'])) {
04  ...
05  }
06
07  // htmlspecialcharsのショートカット
08  function h($value) {        …1
09      return htmlspecialchars($value, ENT_QUOTES);
10  }
11  ...
```

1では、「自作のファンクション」を増やしています。PHPは、このようにファンクションを自分で作って増やすことができます。ここでは「h」というファンクションを作りました。この「h」ファンクションの機能は単純です。パラメータを受け取ったら、「htmlspecialchars」ファンクションにそれを渡して無害化します。その結果を「return」とすることで、この「h」ファンクションの戻り値とすることができます。

つまり、この「h」というファンクションは、「htmlspecialchars」ファンクションに必要なパラメータを渡すのと同じ機能を持ち合わせているのです。

既存のプログラムを変更する

それでは、投稿の表示部分も次のように変えてみましょう。

/index.php

```
01  ...
02  <form action="" method="post">
03    <dl>
04      <dt><?php echo h($member['name']); ?>さん、メッセージをどうぞ</dt>
05      <dd>
06        <textarea name="message" cols="50" rows="5"><?php echo h ($message); ?></textarea>
07        <input type="hidden" name="reply_post_id" value="<?php echo h ($_REQUEST['res']); ?>" />
08      </dd>
09    </dl>
10    <div>
```

```php
11      <input type="submit" value="投稿する" />
12    </div>
13  </form>
14
15  <?php
16  foreach ($posts as $post):
17  ?>
18    <div class="msg">
19      <img src="member_picture/<?php echo h($post['picture']); ?>" width="48" height="48" alt="<?php echo h($post['name']); ?>" />
20      <p><?php echo h($post['message']); ?><span class="name"> (<?php echo h($post['name']); ?>) </span>[<a href="index.php?res=<?php echo h($post['id']); ?>">Re</a>]</p>
21      <p class="day"><a href="view.php?id=<?php echo h($post['id']); ?>"><?php echo h($post['created']); ?></a>
22      <?php
23        if ($post['reply_post_id'] > 0):
24      ?>
25      <a href="view.php?id=<?php echo h($post['reply_post_id']); ?>">
26      返信元のメッセージ</a>
27      <?php
28        endif;
29      ?>
30      </p>
31    </div>
32  <?php
33  endforeach;
34  ?>
```

非常にコンパクトに記述することができました。もちろん、機能は変わりません。このように機能は変えずに<u>プログラムをすっきりとさせる</u>ことも、後々のことを考えると非常に重要です。新しいファンクションを作ってすっきりさせたり、共有ファイルにして、同じプログラムを何度も書かないようにしたり、ちょっとした手間で非常にメンテナンスしやすくなるので、面倒がらずにやってみましょう。

Chapter 6-11

URLにリンクを設置する

URLが投稿された場合、それを自動的にリンクにするにはどうしたらよいでしょう？ これには、Chapter 3-21で紹介した「正規表現」を用います。

URLをリンクにするファンクションを作る

次のようにプログラムを変更しましょう。また新しいファンクションを作ります。今度のファンクションは「makeLink」という名前で、パラメータを受け取ると正規表現を使って、URLを見つけると「<a href="【URL】">URL</a>」というタグを自動的に作って返してくれます（ 1 ）。

/index.php

```
01  ...
02  // htmlspecialcharsのショートカット
03  function h($value) {
04      return htmlspecialchars($value, ENT_QUOTES);
05  }
06
07  // 本文内のURLにリンクを設定します
08  function makeLink($value) {    …1
09      return mb_ereg_replace("(https?)(://[[:alnum:]\+\$\;\?\.%,!#~*/:@&=_-]+)",
10  '<a href="\1\2">\1\2</a>' , $value);
11  }
12  ...
```

ファンクションを使ってみる

作ったファンクションを次のように使ってみましょう（ 2 ）。

/index.php

```
01  <?php
02  foreach ($posts as $post):
03  ?>
04    <div class="msg">
05      <img src="member_picture/<?php echo h($post['picture']); ?>" width="48" height="48" alt="<?php echo h($post['name']); ?>" />
06      <p><?php echo makeLink(h($post['message'])); ?>    …2
07        <span class="name"> (<?php echo h($post['name']); ?>) </span>
```

283

```
08            [<a href="index.php?res=<?php echo h($post['id']); ?>">Re</a>]
09        </p>
10        <p class="day"><a href="view.php?id=<?php echo h($post['id']); ?>"><?php
   echo h($post['created']); ?></a>
```

このように「h」ファンクションの戻り値をさらに、「makeLink」ファンクションで包みます。こうして投稿を表示すると、図6-11-1のようにURL部分にリンクを張ることができます。

正規表現の内容は理解するのはかなり難しいですが、Googleで「正規表現 URL」などと検索をしたり「PHP URL リンク」などと検索をすれば、サンプルプログラムを見つけることができるので、参考にしてもよいでしょう。

図6-11-1

Chapter 6-12

投稿を削除できるようにする

間違えて投稿してしまった場合に、それを削除できるような機能を付け加えてみましょう。

削除のためのリンクを設置する

まずは、削除のリンクを設置します。この時、他の人の投稿を削除することがないように、「ログインしている人が自分の投稿のみを削除できる」という機能にしてみます。プログラムは次のようになります。

index.php

```
01  ...
02  <?php
03  if ($post['reply_post_id'] > 0):
04  ?>
05      <a href="view.php?id=<?php echo h($post['reply_post_id']); ?>">返信元のメッセージ</a>
06  <?php
07  endif;
08  ?>
09  <?php
10  if ($_SESSION['id'] == $post['member_id']):   …1
11  ?>
12      [<a href="delete.php?id=<?php echo h($post['id']); ?>" style="color: #F33;">削除</a>]
13  <?php
14  endif;
15  ?>
16  ...
```

「返信元のメッセージ」を表示するプログラムの下あたりに付け加えます。ログインしている人のIDは「$_SESSION['id']」に記録されており、投稿者のIDは「$post['member_id']」で知ることができます。そのため、この2つのIDが同一な場合に「本人の投稿である」と判断することができます（1）。

285

本人だった場合に、リンクを表示させると図6-12-1のように自分の投稿にだけリンクが表示されます。

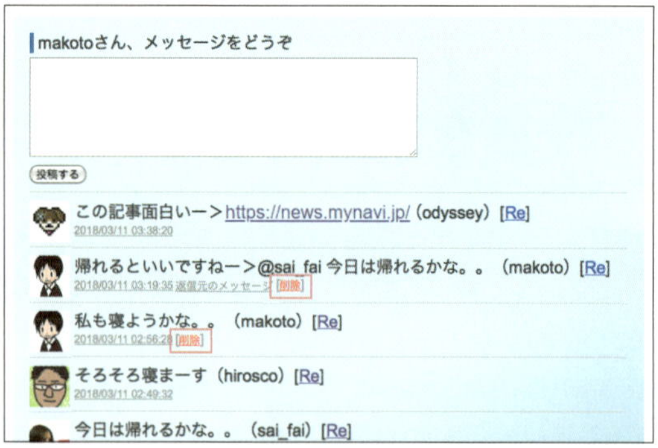

図6-12-1

削除画面と削除機能を作る

それでは、このリンクをクリックした先のファイルを作りましょう。同じフォルダに「delete.php」を作成します。

/delete.php

```
01  <?php
02  session_start();
03  require('dbconnect.php');
04
05  if (isset($_SESSION['id'])) {          …2
06      $id = $_REQUEST['id'];
07
08      // 投稿を検査する
09      $messages = $db->prepare('SELECT * FROM posts WHERE id=?');   …3
10      $messages->execute(array($id));
11      $message = $messages->fetch();
12
13      if ($message['member_id'] == $_SESSION['id']) {   …4
14          // 削除する
15          $del = $db->prepare('DELETE FROM posts WHERE id=?');   …5
16          $del->execute(array($id));
17      }
18  }
19
20  header('Location: index.php'); exit();
21  ?>
```

このファイルが行うことは、投稿を削除するということだけなので、実際には 5 の処理があれば動作します。そのため、次のようなプログラムだけでもその目的は果たすことができます。

286　Chapter 6　「Twitter風ひとこと掲示板」を作成する

```
$del = $db->prepare('DELETE FROM posts WHERE id=?');
$del->execute(array($id));
header('Location: index.php'); exit();
```

しかし、このプログラムでは ID さえ指定すれば、誰でもどの投稿でも削除することができてしまいます。そこで、様々な検査を行ってから削除しています。まず、2 ではログインをしているかを検査します。もしログインしていない状態でこのファイルを呼び出すと、すべての処理を行わずに「index.php」に移動させています(その後、index.php でもログインチェックが行われるため、ログイン画面まで戻されることになります)。

続いて 3 では、これから削除する投稿の情報を一度検索し、その内容の投稿者 ID とログインしているユーザーの ID を比べています(4)。これらの検査にパスした場合だけ、実際の削除が行われます(5)。

このように、削除などのプログラムは本来の処理以外にも検査をしたり、後処理をしたりといったプログラムが必要となります。どのようなケースでそのプログラムが使われるのか、どんな悪戯が考えられるのかをじっくりと考えながら、プログラムを作っていきましょう。

Chapter 6-13

ページングを設置する

続いてページングの処理を作っていきましょう。ページングはChapter 5-7で紹介しているので、ここではプログラムの概要だけを解説していきます。

ページを分ける処理とページ移動のリンクを作る

変更する箇所が多岐に渡るので、気をつけてプログラムを書き入れていきましょう。
ここでも、Chapter 6-13と同様、1ページあたり5件ずつ表示されるようにページングを作っていきます。

/index.php

```
01  // 投稿を取得する
02  $page = $_REQUEST['page'];        …1
03  if ($page == '') {                …2
04    $page = 1;
05  }
06  $page = max($page, 1);            …3
07
08  // 最終ページを取得する          …4
09  $counts = $db->query('SELECT COUNT(*) AS cnt FROM posts');
10  $cnt = $counts->fetch();
11  $maxPage = ceil($cnt['cnt'] / 5);
12  $page = min($page, $maxPage);     …5
13
14  $start = ($page - 1) * 5;         …6
15
16  $posts = $db->prepare('SELECT m.name, m.picture, p.* FROM members m, posts p WHERE m.id=p.member_id ORDER BY p.created DESC LIMIT ?, 5');   …4
17  $posts->bindParam(1, $start, PDO::PARAM_INT);
18  $posts->execute();
19
20  ...
21          <form action="" method="post">
22              <dl>
23              <dt><?php echo h($member['name']); ?>さん、メッセージをどうぞ</dt>
24              <dd>
25                  <textarea name="message" cols="50" rows="5"><?php echo h($message); ?></textarea>
26                  <input type="hidden" name="reply_post_id" value="<?php echo h($_REQUEST['res']); ?>" />
```

```
27            </dd>
28          </dl>
29 ...
30
31     [<a href="delete.php?id=<?php echo h($post['id']); ?>" style="color:
   #F33;">削除</a>]
32 <?php
33 endif;
34 ?>
35      </p>
36    </div>
37 <?php
38 endforeach;
39 ?>
40
41 <ul class="paging">   …7
42 <?php
43 if ($page > 1) {
44 ?>
45 <li><a href="index.php?page=<?php print($page - 1); ?>">前のページへ</a></li>
46 <?php
47 } else {
48 ?>
49 <li>前のページへ</li>
50 <?php
51 }
52 ?>
53 <?php
54 if ($page < $maxPage) {
55 ?>
56 <li><a href="index.php?page=<?php print($page + 1); ?>">次のページへ</a></li>
57 <?php
58 } else {
59 ?>
60 <li>次のページへ</li>
61 <?php
62 }
63 ?>
64 </ul>
65   </div>
66  </div>
67  </body>
68 </html>
```

まずは、ページ数の計算です。

1で、URLパラメータで指定された値をページ数として$pageに代入し、2で、もしこれが空だった場合には「1」としています。3では、指定されたパラメータのうち大きい方を返す「max」ファンク

ションを使って、もしもURLパラメータにマイナス値が指定された場合には`$page`に「1」が代入されるようにしています。

Chapter 5のP.228と同じように、件数を取得して<u>最大のページ数を計算</u>します（❹）。Chapter 5では、「`floor`」ファンクションを使って小数を切り捨ててから1を加えましたが、ここでは「`ceil`」ファンクションを使って切り上げをして、最大ページ数を計算し、`$maxPage`に代入しました。

次に、❺で、`min`ファンクションを使って、最大ページ数と、URLパラメータに指定されたページ数のうち、小さい方を`$page`に代入しています。これにより、URLパラメータで最大ページ数よりも大きな値を指定されても、最後のページを表示するようになります。

❻の処理は、Chapter 5のP.224で行った内容と同じです。1ページ目では「0」件目から、2ページ目では「5」件目から、3ページ目では「10」件目から表示させるようにスタート位置を計算して、`$start`に代入しています。

そして、❷でSQLの「<u>LIMIT</u>」の開始位置を指定して、件数を制限します。P.211で説明した`bindParam`メソッドを使って、`$start`をスタート位置として実行します。

続いて、ページの一番下に❼のようなHTMLとプログラムを追加します。これで、「<u>前のページ</u>」・「<u>次のページ</u>」のリンクが設置され、ページングを機能させることができます。実際に表示させてみると図6-13-1のように、1ページに5件だけが表示されるようになって、「前のページ」・「次のページ」のリンクで操作できるようになります。件数などは調整して、最適なページにしていきましょう。

図6-13-1

Chapter 6-14

ログアウトを設置する

最後に、ログアウトの仕組みを作ったら完成です。

ログアウトのリンクを設置する

まずは、index.phpにリンクを設置しましょう。

/index.php

```
01  ...
02      <div style="text-align: right"><a href="logout.php">ログアウト</a></div>
03      <form action="" method="post">
04          <dl>
05              <dt><?php echo h($member['name']); ?>さん、メッセージをどうぞ</dt>
06              <dd>
07                  <textarea name="message" cols="50" rows="5"><?php echo h($message); ?></textarea>
```

ログアウトの画面とログアウト機能をつくる

続いて、「logout.php」を作ります。

/logout.php

```
01  <?php
02  session_start();
03
04  // セッション情報を削除
05  $_SESSION = array();
06  if (ini_get("session.use_cookies")) {
07      $params = session_get_cookie_params();
08      setcookie(session_name(), '', time() - 42000,
09          $params["path"], $params["domain"],
10          $params["secure"], $params["httponly"]
11      );
12  }
13  session_destroy();
14
15  // Cookie情報も削除
16  setcookie('email', '', time()-3600);
```

```
17  setcookie('password', '', time()-3600);
18
19  header('Location: login.php');
20  exit();
21  ?>
```

ログアウト処理で行うことは「セッションを破棄する」と、「ログイン情報を記憶しているCookieを削除する」という2つの作業になります。
まず、セッションの破棄ですがPHPのヘルプを見てみましょう。

http://www.php.net/manual/ja/function.session-destroy.php

すると、セッションの破棄の際はCookieも合わせて破棄しなければならないと書かれています。そして、サンプルプログラムも掲載されているので、これを参考に作成しました。
次に、Cookieに記録されているログイン情報も削除します。「email」と「password」というキーで記録しているので、空の内容を記憶し、有効期限を過去に設定することで削除することができます。
これらの内容も、PHPのマニュアルに記載されています。

http://php.net/manual/ja/function.setcookie.php

> **TIPS**
> PHPでプログラムを作るときは、参考書などを参考にすることも必要ですが、最終的にはマニュアルを参照するのが一番確実で、正しい知識を得ることができます。文章などが少し読みにくくて難しいですが、できるだけしっかりとマニュアルを読む癖をつけていきましょう。

これで、ひとこと掲示板のプログラムが完成です。ぜひ友達と一緒にメッセージを交換しながら、メッセージと一緒に写真をアップロードできるようにしたり、時間を指定して投稿できるようにしたりなど、プログラムをさらに拡張していっても面白いでしょう。
さらに、例えばTwitterのAPIなどを利用すれば、ここに投稿した内容をTwitterに投稿するようなこともできます。PHPをさらに勉強して、思い通りにさまざまなプログラムが作れるようになるまで、ぜひ頑張っていきましょう。

Index

【キーワード】

記号

-	038
->	028, 046
;	033, 151
!	073
!=	055
?>	033
.	042
'	032, 151
"	032, 151
*	038
/	038
\	035
\'	036
\"	036
\\	036
%	038, 111
+	038
<	055
<=	055
==	055
===	055
>	055
>=	055
\$	036
$_COOKIE	114
$_FILES	127
$_FILES['type']	130
$_GET	095
$_POST	095
$_REQUEST	095
%d	077
\n	036
<?php	033
\r	036
\t	036

A～E

algorism	008
Apache	020
application/octet-stream	130
Atom	024
Bool	071
Boolean	071
Chrome	024
Cookie	113, 114
Cookieを削除	292
CRUDシステム	234
enctype="multipart/form-data"	245

F～N

FALSE	071
Fatal error	037
FileMaker	135
FLOAT	135
get	094
HTMLタグ	089
image/gif	130
Integer	058, 144
JSON	085, 088
MAMP	022, 136
MariaDB	022, 135
Microsoft Access	135
Microsoft SQL Server	135
MySQL	020, 135
Notice	037, 063, 098
NULL	157

O～T

Oracle Database	135
Parse error	037
PDOオブジェクト	200
PHP	020
php.ini	035, 044
phpMyAdmin	020
post	094, 127
PostgreSQL	135
RSS	083
SQL	147
SQLite	135
Sublime Text	024
syntax error	037
TIMESTAMP	173
TRUE	071

U～X

URLパラメーター	094, 215
UTF-8	034, 044, 121
utf8mb4_general_ci	138
Visual Studio Code	023
Warning	037
Webブラウザ	024
XAMPP	020, 137
XAMPP Control Panel	021
XMLオブジェクト	083

あ行

値	026
インクリメント	055
インスタンス化	029
インデックス	063, 064
インポート	195
永久ループ	014
エクスポート	193
エスケープシーケンス	035, 036
エラーメッセージ	037
エンコード	087, 127
オートインクリメント	159, 160, 177
オブジェクト	028
オブジェクト指向言語	045

か行

外部結合	186
返り値	027, 040
拡張子	033, 128
型	144
かつ	167
カラム	143
空要素	089
関数	030
繰り返し	009, 010, 015, 051
グローバル変数	093
権限	129
言語	025
ここまで	010

さ行

再代入	053
サニタイズ	209
さらに	167
二項演算子	218
算術演算子	038
算法	008
自動採番	159

293

順次	015	
照合順序	141	
剰余算	111	
省略可能なパラメーター	058	
処理	015	
シングルクオーテーション	032, 151	
数字	103, 106	
スクリプト	025	
正規表現	105	
制御構造	015	
整数	058, 144	
設計	236	
セッション	114, 117, 247	
セッションID	118	
セッションハイジャック	119	
セッションを破棄	292	
セミコロン	033, 151	
添え字	063, 064	
属性	090	
属性値	090	

た行

代入	048
代入する	026
タイムスタンプ	114
タイムゾーン	043
タグ	089
ダブルクオーテーション	032, 151
チェックボックス	099, 101
重複確認	258
定義済みの定数	097
定数	026
データ	143
データソース名	200
データベース	134, 142
データベーススペース	142
データベースを削除する	141
テーブル	142, 207, 238
デクリメント	055
デコード	087
手続き型	045
電子メール	120
電話番号	107
ドロップダウンリスト	099

な行

内部結合	186
二次元配列	102

は行

パーミッション	129
配列	063, 102
バグ	014
パラメータ	027, 030
比較演算子	054, 071
引数	030
評価をする	039
ファイルアップロード	125, 252
ファイルの読み込み	081
ファイルパス	112, 127
ファンクション	026, 030
ファンクションを作る	281
フォーム	092
ブール式	071
付箋紙プログラム	003
部分検索	166
プライマリーキー	155, 177, 238
プログラマ	025
プログラミング	025
プログラム	025
分岐	015
ページング	222, 288
ヘッダ情報	108
変数	026, 048

ま行

または	167
無害化	209
無限ループ	014
命令型	045
メールアドレス	107
メソッド	046
文字コード	034, 044, 121, 142
文字化け	141
もしも	011, 015
文字列	026
文字列連結	042, 081
戻り値	027, 040

や行

要素	089

ら行

ラジオボタン	099
ランダム	123
リストア	195
リストボックス	099, 101
リレーション	180, 192
リンク	283
例外処理	201
レコード	143
連想配列	067, 127, 205, 252
論理演算子	128

【PHP】

A～D

array	063
bindParam	211, 223
ceil	075
date	040
date_default_timezone_set	043
DateTime	046

E～F

echo	032
else	072
empty	252
ENT_QUOTES	094, 096
exec	202
execute	210, 257, 259
exit	109
fetch	205, 259
file_get_contents	091, 081
file_put_contents	078
floor	075, 228
for	052, 055
foreach	067, 068, 087

H～P

header	108
htmlspecialchars	094, 096, 280
if	071
is_numeric	103, 226
isset	226
json_decode	087

magic_quotes_gpc	....	098
mb_convert_kana	....	104
mb_send_mail	....	121
mb_strlen	....	218
mb_substr	....	213
move_uploaded_file	....	252
PDO::PARAM_BOOL	....	211
PDO::PARAM_NULL	....	211
PDO::PARAM_INT	....	211
PDO::PARAM_STR	....	211
prepare	....	209, 210, 257, 259
print	....	032, 039

R ～ W

rand	....	124
readfile	....	081
require	....	221, 256
round	....	075
session_start	....	117, 118
session_unset	....	117
setcookie	....	114, 263
sha1	....	257, 262
simplexml_load_file	....	083
sprintf	....	076
strlen	....	248
strtotime	....	059
substr	....	128, 252
try	....	201
unset	....	257
while	....	052

【SQL】

A ～ D

ALTER	....	163
AND	....	167
AS	....	191
ASC	....	170
AVG	....	175
BETWEEN	....	189
BIGINT	....	144
BLOB	....	144
COUNT	....	175
CREATE TABLE	....	149
DATE	....	144
DATETIME	....	144, 172
DELETE	....	153
DESC	....	170
DISTINCT	....	188
DOUBLE	....	144

F ～ L

FROM	....	181
GROUP BY	....	185
IN	....	189
INNER JOIN	....	187
INSERT INTO	....	146, 150
INT	....	144
LEFT JOIN ... ON	....	187
LIKE	....	166
LIMIT	....	190, 222, 290

M ～ W

MAX	....	175
MIN	....	175
NOW()	....	172
OR	....	167
ORDER BY	....	169, 212
PRIMARY	....	156
RIGHT JOIN	....	187
SELECT	....	145, 154, 212
SMALLINT	....	144
SUM	....	184
TEXT	....	144, 165
TINYINT	....	144
UPDATE	....	152
VARCHAR	....	144, 165
WHERE	....	181, 215

【HTML】

A ～ D

a	....	091, 216
action	....	208, 245, 247
article	....	091
aside	....	091
body	....	090
br	....	091
checkbox	....	091
class	....	090
dd	....	091
div	....	091
dl	....	091
doctype	....	090
dt	....	091

F ～ D

file	....	091
footer	....	091
form	....	091, 093, 095
h1	....	089, 091
h2	....	091
head	....	090
header	....	091
hidden	....	231, 274
hr	....	091
href	....	216
html	....	090
id	....	090
img	....	091
input	....	090, 091
label	....	091
li	....	091
link	....	090

M ～ V

main	....	091
meta	....	090
method	....	095, 127
multiple	....	102
name	....	100, 127
ol	....	091
option	....	091
p	....	091
pre	....	091
radio	....	091
script	....	091
section	....	091
select	....	091
span	....	091
src	....	128
submit	....	091
text	....	091
title	....	090
type	....	090, 274
ul	....	091
value	....	100, 102, 231, 250

著者プロフィール

たにぐち まこと

「ちゃんとWeb」をコーポレートテーマに、「ちゃんと」作ることを目指したWeb制作会社。WordPressを利用したサイト制作や、スマートデバイス向けサイトの制作、PHPやJavaScriptによる開発を得意とする。また、YouTubeやUdemyでの映像講義や著書などを通じ、クリエイターの育成にも力を入れている。

主な著書に『これからWebをはじめる人のHTML&CSS, JavaScriptのきほんのきほん』（マイナビ出版刊）や、『マンガでマスタープログラミング教室（監修）』（ポプラ社）など。

STAFF

カバーイラスト：2g (http://twograms.jimdo.com)
ブックデザイン：三宮 暁子（Highcolor）
DTP：AP_Planning
編集：伊佐 知子

よくわかる
PHPの教科書
［PHP7対応版］

2018年 4月20日　初版第1刷発行
2021年 8月20日　第8刷発行

著者　　　たにぐち まこと
発行者　　滝口 直樹
発行所　　株式会社 マイナビ出版
　　　　　〒101-0003　東京都千代田区一ツ橋2-6-3　一ツ橋ビル 2F
　　　　　TEL：0480-38-6872（注文専用ダイヤル）
　　　　　TEL：03-3556-2731（販売）
　　　　　TEL：03-3556-2736（編集）
　　　　　E-Mail：pc-books@mynavi.jp
　　　　　URL：https://book.mynavi.jp
印刷・製本　株式会社 ルナテック

©2018 Makoto Taniguchi , Printed in Japan
ISBN978-4-8399-6468-9

- 定価はカバーに記載してあります。
- 乱丁・落丁についてのお問い合わせは、TEL：0480-38-6872（注文専用ダイヤル）、電子メール：sas@mynavi.jp までお願いいたします。
- 本書掲載内容の無断転載を禁じます。
- 本書は著作権法上の保護を受けています。本書の無断複写・複製（コピー、スキャン、デジタル化など）は、著作権法上の例外を除き、禁じられています。
- 本書についてご質問などございましたら、マイナビ出版の下記URLよりお問い合わせください。お電話でのご質問は受け付けておりません。
  また、本書の内容以外のご質問についてもご対応できません。
  https://book.mynavi.jp/inquiry_list/